和谁在一起真的很重要

网络上流传着这样一个小故事：

李嘉诚的司机给他开车开了30多年，准备退休离职，李嘉诚看他兢兢业业干了这么多年，为了能让他安度晚年，拿了200万支票给他，司机说不用了，一两千万我还是有的。

李嘉诚很诧异，问："你每个月只有5-6千收入，怎么能存下这么多！"

司机回答说："我在开车时候，您在后面打电话说买哪个地方的地皮，开发哪个升值好房子，我也会去买一点，您说要买哪支股票基金的时候，我也会去买一点，到现在一两千万的资产是有的！"

人生最大的运气不是天上掉馅饼砸到你，不是捡了钱，也不是中了大奖，而是有人把你带入更高的平台。决定一个人发展前景的，不是智商，不是财力，而是所处的生活圈子。

关系改变人生，圈子决定成败。圈子对了，事就成了

你和谁在一起很重要

王剑◎著

NI HE SHUI ZAI YIQI HEN ZHONGYAO

和什么样的人在一起，就会有什么样的人生
一个人身份的高低，是由他周围的人决定的

成都时代出版社
CHENGDU TIMES PRESS

图书在版编目（ＣＩＰ）数据

你和谁在一起很重要 / 王剑著. -- 成都：成都时
代出版社，2014.9（2015.8 重印）
ISBN 978-7-5464-1138-5

Ⅰ．①你… Ⅱ．①王… Ⅲ．①成功心理－通俗读物
Ⅳ．①B848.4-49

中国版本图书馆 CIP 数据核字(2014)第 060451 号

你和谁在一起很重要
NI HE SHUI ZAI YIQI HEN ZHONGYAO
王剑 著

出 品 人　　石碧川
责任编辑　　周　慧
责任校对　　李　航
装帧设计　　林自伟
责任印制　　于燕飞

出版发行　　成都时代出版社
电　　话　　(028) 86621237（编辑部）
　　　　　　(028) 86615250（发行部）
网　　址　　www.chengdusd.com
印　　刷　　北京建泰印刷有限公司
规　　格　　710mm×1000mm　　1/16
印　　张　　17
字　　数　　200 千
版　　次　　2014 年 9 月第 1 版
印　　次　　2015 年 8 月第 2 次印刷
书　　号　　ISBN 978-7-5464-1138-5
定　　价　　35.00 元

成功不在于你知道什么，而在于你认识谁

　　20世纪最伟大的成功学大师卡耐基先生曾说过："一个人的成功，只有15%归结于他的专业知识，还有85%归结于人际关系。"每一个人都是社会群体中的一员，不可能是孤岛中的罗宾逊，人与人之间都有着这样或那样的关系。所以，在这个基础之上，我们必须建立起良好的人脉，而且还必须是有价值的，这样才能为你的成功提供更多的机遇。这也印证了在好莱坞流行的一句名言："成功不在于你知道什么，而在于你认识谁。"

　　世界潜能大师陈安之的《超级成功学》著作中写道："成功靠别人而不是靠自己。"没错，男人想成功，依靠的不光是自己的博学，还要看他"认识谁"。《水浒传》中的宋江，原本只是山东郓城县的一个小吏，然而，这样一个小人物，日后却摇身成为威震四方的英雄，名震一时，靠的是什么？是武松、林冲、李逵等众多朋友，如果没有他们，宋江能摆脱小人物的命运吗？显然不能。

　　美国斯坦福研究中心曾经有一份调查报告指出，一个人赚的钱，12.5%来自知识，87.5%来自关系。这说明，一个人只有充分依靠关系、发展关系，才能为成功打下坚实的根基。积累你的人脉，也就是积累你一生取之不尽的财富。所以，不管你现在处在一个什么样的环境下，只要你想成功，就要大量积累自己的人脉，你的关系网越大，你成功的概率也就越大。

要想出类拔萃，一定要有强大的人脉，因为你认识谁比你是谁更重要。有人脉，成功就像坐电梯，没人脉，成功就像爬楼梯。因此，一定要重视人际交往，重视结交人脉，一定要有几个肝胆相照的好朋友，努力找到有利于自己人生发展的贵人。

要想高人一头，还要有宽广的胸怀、优秀的品质、永不满足的学习精神、幸福美满的家庭。当然，这一切的一切都有一个前提，那就是要好好地活着，要有健康的身心。这才是一个人走向成功的最重要的资本。

一言以蔽之，一个人在征服他人之前，请先征服自己、提升自己、充实自己、完善自己。当你的内心变得足够强大时，当你的才能变得足够出众时，当你的人格魅力变得足够闪耀时，成功就会变成一件水到渠成的事情。

目 录
CONTENTS

第一章 有人脉成功就像坐电梯，没人脉成功就像爬楼梯

在这个世界上，到处可以看见很多有才华的"穷人"，他们才华横溢、能力超群，有的甚至有着上天入地的本领，但为何最终仍落了个颗粒无收的下场呢？究其原因，就是缺乏人脉。只有善于汇聚别人的力量为己所用的人，才能让财富如百川归海，滚滚而至。

第二章 圈子对了，事就成了——再穷也要站在富人堆里

你多方求援却无功而返，别人一个招呼就搞定；你千方百计却徒劳无功，别人一个电话就解决。所有成功的人，都视朋友圈为最宝贵的财富，并且高效地运用朋友圈的关系。你完全有理由相信，优良的人脉圈子，足以让你少奋斗二十年。

第三章　己所不欲，勿施于人——以心换心，才能赢得好人缘

俗话说得好："帮助别人往上爬的人，自己也会爬得很高。"在与人交往的过程中，如果你能主动帮助他人，那么你的朋友就会越来越多，财富的机缘就会大大增加。所以，聪明的人总是善于把精力投向身边需要帮助的朋友，毕竟，"雪中送炭"的情分，会让他们始终牢记。

第四章　别再局限于同学这个小圈子

自己走百步，不如贵人扶你走一步。所以，我们一定要多结交含金量高的朋友。其实在我们身边，早就聚集了一大批的人脉，比如亲戚、朋友、领导、同事、客户、老乡等。如果能利用好这些人脉资源，把他们的能量充分调动起来，以核心人脉为点，有的放矢，点线串联，很快就能织起一张人脉的天罗地网。

第五章　增加人脉就像滚雪球
——神奇的 "人脉倍增效应" 让你贵人遍天下

很多人在童年时都玩过滚雪球的游戏，一个小小的雪团，滚上一圈，雪球上就会沾上一些小雪花，不停地滚下去，这个雪球就会越来越大……投资大师巴菲特说："人生就像滚雪球，最重要的是发现很湿的雪和很长的坡。"所谓很湿的雪，就是黏合人脉的技巧和方法，所谓很长的坡，则是指拓展人脉的途径和范围。只要你用对了方法，找对了路径，你的人脉圈就会像雪球那样越滚越大。

第六章 像"牛人"一样打造人脉

两百年前，胡雪岩因擅长经营人脉，从一个倒夜壶的小差，实现了鲤鱼跳龙门，成为了大名鼎鼎的"红顶商人"。两百年后的今天，当你思考那些商界成功人士的成功轨迹时，你会发现：他们都有一本厚厚的人脉存折。

第七章 再伟大的交情，也要拿捏好尺度
——伤什么都不要伤了别人的面子

话要怎么说才圆滑无碍？事要怎么做才滴水不漏？人要怎么处才八面玲珑？很多人之所以一辈子碌碌无为，就是因为不懂得这些。所谓人情世故，并不是教我们违心、虚伪、奸诈地迎合别人，钻空子、占便宜，而是告诉我们在善良、真诚、宽容的基础上，做事要掌握分寸，谨言慎行。只有做到这些，我们的人生才会少走很多弯路。

第八章　玩转人脉——每一个中国人都应该知道的人际"潜规则"

老鹰站立的时候像睡着了一样，老虎慢吞吞地走路时像病了一样，恐怕你怎么也想不到，这种深藏不露的表现，正是它们捕捉猎物的最佳手段。做人也是一样，要聪明但不要露锋芒，有才华可以，但不要随便逞能，沉住气才能干得了大事，这是每一个中国人都应该知道的人际"潜规则"，也是栽过跟斗的老祖宗们用鲜血和脑浆写下的字字忠告。

第九章　少数人才懂的智慧——四两拨千斤的情感投资艺术

人活在世上，钱债能还清，但人情债永远还不清。感情投资就像储蓄，你存储的越多，分得的红利就越多。聪明人应该坚持以情动人，所谓"路遥知马力，日久见人心"，只有长期的感情投资，才能打动人心，建立信任，结出成功的累累硕果。

第十章 人际交往中的"读心术"和"雷区"
——远离人脉沼泽，成功也可以走直线

> 读懂人心的智慧在于明察秋毫、洞若观火，即通过别人一个不经意的小动作，看穿他的内心动向和真实意图，然后审时度势、对症下药，这样与人交往才能游刃有余。当然，在人际交往中还应注意避免踏入"雷区"，否则你会"死得很难看"。

第十一章 人脉并非谁都玩得起
——自己成为优秀的人才有更多优秀的人为你服务

> 是不是有了人脉，就有了靠山、地位和金钱？当然不是。没有实力，就算认识天王老子也白搭。说到底，你要成为人脉网中的核心人物，打造一个属于你的精英团队，你就必须成为精英中的精英。你当然不必样样精通，但必须有一样是你在人群中大放光彩的亮点。

第十二章 人际交往的最高境界是"互利"
——在朋友和利益之间找一个黄金平衡点

不管你承不承认，人与人交往的本质就是"互利"，再纯真的友谊，也逃脱不了利益互换的本质。在你渴望得到别人帮助的同时，你必须给予别人相应的好处。你满足了别人的需求，别人也心甘情愿地帮你，长此以往，你们的关系就变得牢不可破。

第一章
DI YI ZHANG

有人脉成功就像坐电梯，没人脉成功就像爬楼梯

在这个世界上，到处可以看见很多有才华的"穷人"，他们才华横溢、能力超群，有的甚至有着上天入地的本领，但为何最终仍落了个颗粒无收的下场呢？究其原因，就是缺乏人脉。只有善于汇聚别人的力量为己所用的人，才能让财富如百川归海，滚滚而至。

↙ *1*
为什么世界上到处是有才华的"穷人"

在这个世界上，到处可以看见很多有才华的穷人，他们才华横溢、能力超群，有的甚至有着上天入地的本领，但为何最终仍落了个颗粒无收的下场呢？

一个人专业再精良、再能干，每个月赚的也都是不多不少的死工资，即使比别人高一些，也不会富到哪里去。有才华的人虽然在努力工作，但却收入微薄。

在台湾证券投资界，杨耀宇是个将人脉竞争力发挥到极致的人脉高手。他曾是统一投资顾问的副总，后来退出职场，为朋友担任财务顾问，并担任五家电子公司的董事。根据推算，他的身价应该有近亿元。一个从台湾南部北上打拼的乡下小孩，为什么能够如此快速地积累财富？

"有时候，一通电话抵得上十份研究报告。"杨耀宇说："我的人脉网络遍及各个领域，上千、上万条，数也数不清。"如果你能像杨耀宇一样储备足够多的人脉，不需要你投入过多的资金和精力，光是利用这些人脉信息就能够让你赚得盆满钵足了。

为什么别人能发财，偏偏就你不行？大富大贵是什么？就是无数小富小贵的总和。只有善于汇聚别人的力量为己所用的人，才能让财富如百川归海，滚滚而至。学习是必要的，工作也是必要的，但学什么，为谁工作，这个问题却是首要的。如果心眼里只想着培养自己的才艺，让别人用起来顺手，那你这辈子的命运100%的与富人无缘。

刘军现在是广州一家大公司的总裁，他的成功缘于他在给别人打工的时候，就开始积累人脉了。那时候，他在一家很出名的报社广告部工作。工作期间，他时常接触到海尔、百事、联想等这些大企业的负责人。刘军不仅在搞创意或争取版面时很卖力，而且还非常注重与客户保持和谐的关系。比如，每隔一段时间，不管有没有合作的项目，他都会给客户打个电话，或者发个信息问候一声，节日的时候，也约客户出来吃个饭，或者送一份礼物。

这样，在刘军工作的三年中，积累了丰富的人脉，后来他注册了自己的公司。这时，他自然想到了那些过去的关系，而海尔空调恰好在广州还没有专卖店，他就跟销售部的负责人谈起此事。由于他们的关系一直不错，在众多竞争对手条件都差不多的情况下，对方就把独家销售权给了他。

人脉并非生而有之，而是用心经营的结果。像刘军这样成功的人士并不在少数，任何一个普通人，都可以通过经营人脉改变自己的命运。

才华是上帝对一个人的恩赐，但是却不是赢得成功的资本。比如，苹果电脑董事长乔布斯没有念过大学，戴尔公司的董事长迈克尔·戴尔是一名大学肄业生。比他们聪明、专业的人可谓不计其数，可是偏偏他们成功了，原因不是他们有什么突出的才能，而是因为他们背后有一个成功的人脉网络。

2002 年，中国数十位企业家认为，他们取得成功的条件中，机遇排到了第二位，而人脉则排在第一位。归根结底，这世上到处都是有才华的穷人，就是因为他们不懂得经营人脉。

人脉就是机会，人脉越丰富，就意味着成功的机会越多。经营人脉也并不需要什么特殊的才能，也不需要特殊的环境。一生二，二生三，只要有心，每个人都可以利用人脉赚钱。

↙2
一个倒夜壶的小差，如何翻身成为红顶商人

人脉投资之道，并不是我们现代人的发明，老祖宗比我们还明白这个理儿，留下了许多宝贵的积累人脉的经验可供我们借鉴。话说清朝道光年间，就有一位人脉投资"专家"，名叫胡雪岩，他正是掌握了人脉投资之道，便从一个倒夜壶的小差，翻身成为名震一时的红顶商人。

胡雪岩十二三岁的时候，为了养家糊口，在亲戚的介绍下进入一家钱庄做学徒。在钱庄里，他擦桌、扫地、倒夜壶等，这是每天的家常便饭。可是，谁也想不到，这个天天倒夜壶的小孩，一倒竟倒出了无数的金元宝来。

话说他当伙计的时候，认识了一个穷书生叫王有龄。王有龄在道光年间，就已捐了浙江盐运使，但无钱进京。通过交往，他发现王有龄这人是个做官的料，日后定能飞黄腾达。王有龄想，当官没盘缠，怎么办？胡雪岸决定赌一把——他把收账得来的500两银子借给了王有龄。

有了银子，王有龄即刻启程，途经天津时，遇到故交侍郎何桂清。在何桂清的举荐下，王有龄到了浙江巡抚门下，当上了粮台总办。王有龄这边发达了，胡雪岩那边却因为私用账款被炒了鱿鱼，坏了行规，坏名声在外，连个工作都找不到了。

王有龄发迹不忘旧恩，立即拿出钱来，资助丢了工作的胡雪岩，于是胡雪岩开了一家名为阜康的钱庄。之后，随着王有龄的步步高升，胡雪岩的生意也越做越大，除钱庄外，还开起了许多店铺。

俗话说，朝中有人好办事。胡雪岩小小年纪，就能把眼光放远，为自己的未来打下人脉基础，不得不令人赞叹、佩服。王有龄是胡雪岩人脉网

网住的第一条大鱼。靠着这条大鱼，胡雪岩一下子就由小伙计成为钱庄掌柜。试问：是胡雪岩有幸遇上了王有龄，还是王有龄运气好，得到了胡雪岩的资助？

胡雪岩迅速崛起，除了得益于王有龄之外，另一个人也起到了重要的作用，他就是左宗棠。

1862年，王有龄因丧失城池而自缢身亡。左宗棠继任浙江巡抚一职。此时，这位新任巡府正被粮饷短缺等问题困扰着，而急于寻找到新靠山的胡雪岩又及时地出现了：在战事吃紧的情况下，他出色地完成了在三天之内筹齐十万石粮食的任务，从而得到了左宗棠的赏识和重用。

后来，胡雪岩又多次在后方协助左宗棠打了胜仗。左宗棠向朝廷报功，保奏胡雪岩为"布政使"。朝廷准奏，并恩赐黄马褂，其母亲被封为"一品夫人"。胡雪岩由此官居从二品，成为"红顶商人"。

在左宗棠任职期间，胡雪岩管理赈抚局事务。他设立粥厂、善堂、义垫，修复名寺古刹；恢复了因战乱而一度终止的牛车，方便了百姓；向官绅大户"劝捐"，以解决战后财政危机等事务。胡雪岩因此名声大振，信誉度也大大提高。

而清军攻取浙江后，大小将领官员将所掠之财不论大小，全数存在胡雪岩的钱庄中。胡以此为资本，从事贸易活动，在各市镇设立商号，利润颇丰，短短几年，家产超过千万。

这便是胡雪岩的本事所在，用两个字概括起来，就是"投人"。"人"在胡雪岩的眼中，就是白花花的银子，只要被他看上的人，肯定能变成源源不断的钱。

胡庆余堂是胡雪岩名下的一个享有盛誉的老字号，还为他挣来了胡大善人的好名声。这家药店与他娶的一个妾有关。

话说，胡雪岩娶了芙蓉姑娘为妾。芙蓉姑娘祖上开过一家大药店，父亲去世后，药店由叔父刘不才继续打理。这刘不才过惯了吃喝嫖赌的日子，把一个好好的药店就给败掉了。但刘不才瘦驴不倒架，还有那么一点儿骨气，不耻芙蓉做妾，也不愿意认胡雪岩这门亲戚。

本来胡雪岩可以送点儿银子就把这个难缠的亲戚给打发了。但胡雪岩不这么想，反而一门心思要认这门亲，因为他要借刘不才的力量开一家自己的药店。

胡雪岩看准了药店生意会好做：其一，乱世当口，军队行军打仗，转战奔波，一定需要药；其二，大仗过后定有大疫，逃难的人生病之后要救命。而且，开药店还有活人济世的行善积德的好名声，容易得到官府的支持，在为自己赚钱的同时，还能为自己挣得好名声，何乐不为？

胡雪岩自己不懂药店生意，但刘不才懂，只要能够将他收服，帮他改掉身上的坏毛病，这个刘不才其实也是个经营人才，而且他手上的那几张祖传秘方也正好可以充分利用。于是，胡雪岩摆了一桌认亲宴，给足了刘不才面子，就在宴席上谈妥了药店开办的地点、规模、资金等事项。

胡庆余堂就这样开起来了。在其后的几十年中，胡庆余堂成为名闻天下的老字号药店，素有"北有同仁堂，南有胡庆余堂"之说。胡庆余堂不仅成为胡雪岩的一个稳定财源，也为他挣来了胡大善人的好名声，给他别的生意带来了极好的影响。

一个钱庄老板，娶了一个妾，就看到了一门新生意，尤其是他能利用一个挥霍还好赌的亲戚完成这一大业。胡雪岩的"投人"之道可见一斑。

胡雪岩能在乱世之中，方圆皆用，刚柔皆施，上不得罪于达官贵人，下不失信于平民百姓，中不招妒于同行朋友，圆通有术、左右逢源、进退自如，在晚清混乱的局势中站稳脚跟，在商业上红极一时。纵观胡雪岩的一生，其成功最大的秘诀可归为善于经营人脉。

3

有旷世的才华，还得有"识货"的老板

一个人即便再有才华，如果不能遇到"识货"的伯乐，也不会有出人头地的机会。很多有才华的人终生郁郁不得志，英雄无用武之地，就是因为他们没有遇到一个识货的伯乐。

大家都知道一个非常传奇的人物姜子牙，他在遇到周文王之前，一直是做什么都倒霉的人，但是周文王发现了他，给了他极大的信任，因此才造就了姜子牙日后为周王朝所建立的卓越功勋。如果不是文王的发现和重用，他姜子牙再有能力和本事，也不可能成就什么大事。

有一部分人认为只要自己有才华，无需他人的帮助，照样能脱颖而出。其实，这种观点是荒谬的，他们忽视了人脉对个人成功的作用。要知道，在现实中，你的才能再高，知识再多，也需要伯乐的提拔，如果单靠自己在黑暗中探索，不仅需要很长时间，而且成功的机会也很渺茫。既然我们都知道"守株待兔"是愚蠢的举动，但为什么自己却要守"雄才"而待"伯乐"呢？

钟彬娴，想必早已为大家所熟知，她是雅芳公司百年历史上第一位华裔女性 CEO，而她的成功之路也被许多人认为是一个奇迹。

1979 年，一无背景、二无后台的钟彬娴以优异的成绩从普林斯顿大学毕业。钟彬娴认为从事零售业可以丰富自己的阅历，可以把自己的脸皮磨炼得"厚"一点，而这有益于自己将来成为一名优秀的律师或者记者，于是决定加入鲁明岱百货公司，成了一名销售人员。

没有想到在零售业原打算"锻炼才干，见好就收"的钟彬娴，竟不知不觉间爱上了推销员这个"说服别人购买自己产品"的极富挑战性的职

业，但是在她的家族里没有一人有零售业背景，她意识到要想在这一行业里脱颖而出，或者有所作为，单单靠自己努力工作还是不够的，还要依靠关键人物的提拔。因此，钟彬娴决心在工作中开拓自己的人脉。

幸运的是在鲁明岱百货公司，钟彬娴遇到了公司首位女副总裁万斯。为了向万斯学习到丰富的工作经验和技巧，钟彬娴像对待老朋友一样对待万斯，并很快取得其信任，让她心甘情愿充当自己的职业领路人。在万斯的帮助下，钟彬娴在鲁明岱百货公司升迁很快，到了20世纪80年代中期，她已成为销售规划经理、内衣部副总裁。

1987年，万斯接受了玛格林公司的邀请，并且成为该公司首位女CEO。她建议已经和自己成为知己的钟彬娴和她一起去，于是，钟彬娴就跟随万斯来到了旧金山。5年后被提拔为高级副总裁。1991年，在美国营销界小有名气的钟彬娴被美国奈曼玛克斯服装公司看中，出任执行副总裁和时尚代言人，由此开始了自己单打独斗的商界生涯。

在钟彬娴成功的道路上，万斯扮演了一个重要的角色，如果没有她，恐怕就没有后来的钟彬娴。正如钟彬娴所坦言的那样——"万斯女士，是我的职业领路人，不愧为金发'洋伯乐'。有些人只是傻傻等待好运临头，可机遇是等不来的。而我却不是这样，我建议人们要抓住能带你飞翔的人的翅膀！"

世界上总是"千里马"多而伯乐少，并且伯乐在明处，"千里马"在暗处。伯乐再有眼力，他的精力、智慧和时间也是有限的，等待可能会耽误你的一生。如今早已不是什么"酒香不怕巷子深"的年代了，有才华的人也不能关在家里，等着伯乐上门发现自己。你认为自己有才华，事实上这个世界上自认为有才华的人多了，所以，你要想抢先被伯乐发现，就要先学会推销自己，展示自己的才能，让伯乐看到自己的本领。

一定要明白——这个世界上从来就不缺人才，很多有旷世才华的人都落了个穷困潦倒的下场，这是一件多么可悲的事啊！如果你不想把自己的才华埋没，那就主动出击，去寻找识货的"伯乐"吧！

4
成功来自 85% 的人脉关系、15% 的专业知识

至今为止，世界上在两个领域都获得过诺贝尔奖的只有两个人，美国化学家莱纳斯·鲍林（Linus Pauling）就是其中之一。鲍林在 1954 年获得诺贝尔化学奖，又在 1962 年获得诺贝尔和平奖。他被誉为 20 世纪最杰出的天才人物之一。

在谈论自己取得这些开创性成就的原因时，鲍林既不把它们归功于自己出色的头脑，也不认为是运气使然，而是归结于自己的交友广泛："拥有一个好点子的最佳途径就是要有许许多多的点子。"

世界人际关系专家卡耐基说："成功来自于 85% 的人脉关系，15% 的专业知识。"哈佛大学曾经针对贝尔实验室顶尖研究员做过调查。他们发现，那些处于管理顶层的杰出人才，专业能力往往不是重点，关键在于会采用不同的人际策略，他们往往把时间用在与那些关键人物培养关系上，以便在面临问题或危机时更快地化险为夷。

在 21 世纪的今天，专业化分工越来越细，组织、产品和营销等有关方面所涉及的学科也越来越多，你不可能样样精通，这就意味着，个人的成功将取决于他能否借用别人的力量来超越自身技能的局限。所以，丰富的人际关系，有助于你形成对问题更全面、更公正、更有创造性的看法。当有些人的经历与你不同，你和他们交换信息或技能时，就是在互相向对方提供独特的高价值资源。

临时抱佛脚的人往往都在遇到棘手的问题时，才会努力去请教专家，之后却往往因没有回音，而白白浪费时间。人脉资源强的人则很少碰到这种尴尬，这是因为他们在平时还用不到的时候，就已经建立起丰富的资源

网，一旦有事请教立刻便能得到答案。人脉资源网络具有弹性，每一次的沟通都将为这个复杂的资源网多织一条线，渐渐地就会形成一张大网。

所以，我们平时不能只注意对自己专业能力的培养，还要注意对人脉资源的积累与利用，不要等到需要帮助时，才发现自己平时交友太少而孤立无援，悔之晚矣。

很多人都知道比尔·盖茨之所以成为世界首富的原因，是因为他掌握了未来世界的大趋势，还有他在电脑技术的天分和执着。然而，事实上比尔·盖茨之所以成功，除了这些原因之外，还有一个关键就是比尔·盖茨的人脉资源相当丰富。

集合精英创建了微软的比尔·盖茨，成为了世界首富。因为微软有无数个像比尔·盖茨一样的天才在工作，他们合力创造了电脑帝国的神话，开创了一个崭新的时代。

综上可知，一个人再聪明，专业再精，如果没有别人的帮助，也很难做大事、成大业。一身好本领只会成为孤胆英雄，而建立好人脉，就可以让你成就一个"帝国"。

↙5

工作 10 年后，你的才华远不如资源引人注目

现实是残酷的，一波一波的挫折，让我们猝不及防。很多人工作了 10 年，仔细一盘点，才发现自己毫无所获。浑浑噩噩的人生是可悲的，却丝毫不值得同情。人性的自私，让我们变得盲目，盲目得只看到自己，却忽视了身边的人和事。如果生活再给我们一次选择的机会，也许我们会真正看清：比才华更重要、更引人注目的是人脉，是资源。

俗话说："他山之石，可以攻玉。"别的山上的石头，能够用来琢磨玉

器，况且是自己山上的石头呢？因此，男人在成功过程中，一定要善于调动身边的资源，为成功铺平道路；而不是盲目自大，拿着一张微不足道的文凭到处吹嘘。不论是直接的资源，还是间接的资源，只要可以让它们为己所用，就是有价值的，就是鲜活的。在这方面，比尔·盖茨的成功可以算得上一个经典范例。

很多人都高喊向比尔·盖茨学习，因为他是世界大名鼎鼎的富豪。提起比尔·盖茨成功的原因，大多数人只知道他掌握了世界的大趋势，还有他在软件方面的智慧和执着。其实，比尔·盖茨的成功原因除了这些之外，还有一个关键性的原因，那就是他善于利用一切资源为自己铺路。

比尔·盖茨当初创办微软公司时，只不过是一个无名小卒。但是在他20岁的时候，他签了一个大单，这份合约是跟当时全世界最强电脑公司——IBM公司签的。他是通过什么方法与IBM公司签约成功的呢？这在很大程度上得益于比尔·盖茨的母亲，比尔·盖茨的母亲是IBM董事会的董事，她把比尔·盖茨介绍给IBM的董事长，这不是理所当然的事情吗？

对于创业初期的微软公司来说，营销就像钓鱼，假如钓到了一条大鲸鱼，也许可以吃一年；假如只钓到小鱼，那么每天都得去钓。而比尔·盖茨一开始就钓到了一条大鲸鱼，这对微软公司的发展起到了举足轻重的作用。

其次，比尔·盖茨善于利用自己的人脉。大家知道比尔·盖茨与保罗·艾伦及史蒂芬是重要的创业伙伴。他们不仅为微软贡献聪明才智，也贡献他们的人脉资源。

再者，比尔·盖茨很好地发展了国外的朋友，让他们去调查国外的市场，以及开拓国外市场。比如，有个名叫彦西的日本人就是比尔·盖茨的朋友，他向比尔·盖茨讲解了日本市场的很多特点，为比尔·盖茨找到了第一个日本个人电脑项目，从而帮助微软开辟了日本市场。

第四，比尔·盖茨懂得雇用聪明、能独立工作、有潜力的人来为他工作。比尔·盖茨曾说过："在我的事业中，我不得不说我最好的经营决策是必须挑选人才，拥有一个完全信任的人，一个可以委以重任的人，一个为你分担忧愁的人。"

无论是亲人还是朋友，无论是合伙人还是员工，这些都是比尔·盖茨可利用的资源，比尔·盖茨也很好地利用了这些资源，因此，他顺利地成功了。

作为一个男人，你能够把自己所拥有的资源利用起来，很大程度上影响着你人生的成败。要知道，多数成功者在起步的时候，都一无所有，他们只有梦想，只有创业的计划，只有一股干劲和自身的才华。不善于利用身边的资源，只凭自己的力量去打拼，成功往往来得比较困难。

所以，男人一定要明白一个道理：我们自身的才华是有限的，但我们周围的资源却是无限的。如果你想成功，就一定要学会运用自身的资源，运用周围的资源，将一切可以利用的资源都运用起来，这样你成功的把握就会大大提高。

对任何一个男人来说，成功都需要这样几种资源，你也可以利用起这些资源。这些资源有些是自身的，有些是外在的，都是你成功不可或缺的。

（1）时间资源

人们常说，年轻就是资本，因为年轻人闯荡事业，即使遭遇挫折或失败，也有时间从头再来。而上了年纪的人，如果创业失败，只有带着遗憾老去了。所以说，时间就是生命，时间就是金钱。如果你有梦想，有计划，那就趁着年轻时赶紧行动吧。

（2）知识资源

知识就是力量，知识就是本钱。你可以没有资金，可以没有人脉，可以没有机会，可以没有平台，但如果你没有知识，那么成功几乎不可能。而当你有了知识和能力，人脉会有的，机会会有的，平台也会有的。知识主要靠学习得来，在校学习是积累知识的一种途径，在实践中学习，在社会这所大学中学习，也是你要重视的。有这样一个故事：

曾经有一个工人，在解放牌汽车生产线上做维修工作。解放牌汽车的生产线很简单，他的工作任务就是拧紧螺丝钉。后来，公司开始生产大众汽车，引进了德国生产线，那些都是电子化生产线，因此，不懂技术的人都要面临解聘、下岗或转岗。

在这种情况下，这个员工不甘于认命，他开始钻研德国生产线。当时，这个生产线一旦出问题，公司就要花重金把德国专家请过来修理。因为公司内部没有人可以修好出问题的生产线。这个员工只有初中毕业，他出钱请专家把德国的机械化书籍翻译成中文，不断地学习，不断地研究，日日夜夜泡在生产线上。半年后，他变成了电子化生产线上的专家，他的维修能力到了登峰造极的地步。当生产线出了问题时，他不用看，只用耳朵听生产线的机器声音，就知道毛病出在哪里。

一年以后，德国大众公司发现中国汽车制造厂不再请他们去维修生产线，感到非常奇怪。到后来，他们发现这个员工几乎承担了大众生产线的全部维修任务。最后，他被评为全国劳动模范，受到了国家领导人的接见，还获得了五一劳动奖章以及一些荣誉称号。

这个故事告诉我们什么呢？那就是，一个人无论如何都要坚持学习，把知识学到手，那就是你成功的资源和筹码。当你有了丰富的知识，当你有了不一般的能力时，你自然会受到器重，自然就更容易成功。

常言道："打铁还需自身硬。"如果你想借用他人的资源，你必须证明自己的能力，让别人看到你有成功的希望，这样别人才愿意鼎力相助，你说是不是这样呢？所以，千万不要忽视学习知识，不要忽略自身能力的提高。

（3）人脉资源

每个人都有一定的人际关系，这些人际关系就是你潜在的人脉资源。你的父母如果是商人，如果有资金，如果是高官，如果他们有丰富的人脉，你就可以利用父母的关系来调动这些资源为你所用。如果你的朋友是"高富帅"，如果他们家有权有势，你也可以通过友谊来借用他们的资源。总之，只要你善于与周围的人搞好关系，你的资源就会源源不断。

↙6
"聚财先聚人" ——人脉就是你的财脉

"人脉"是一种看不见又摸不着的东西，不能像珠宝店里的珍珠一样做出明码标价。但纵然是再贵的珍宝，也不能和"人脉"的含金量相提并论。

汤姆·霍普金斯是世界一流的销售大师，被美国报刊称为国际销售界的传奇冠军，至今仍是吉尼斯世界纪录的保持者。他在美国地产界3年内赚到3000多万美元，平均每天卖一幢房子，并成功参与了可口可乐、迪士尼、宝洁公司等杰出企业的推销策划。他曾与美国前总统布什、英国首相撒切尔夫人等同台演讲。

汤姆·霍普金斯的成功难道是因为他比别人智商高，比别人有才华吗？不一定。我们可以肯定，在这个世界上，一定会有比汤姆·霍普金斯更聪明的人存在，但像他一样积累这么多财富的人却不多。汤姆·霍普金斯成功的秘诀用一句话概括就是：要想赚更多的钱就要接触更多的人，不断丰富自己的人脉资源。

不要抱怨自己财运不好，事实上不是因为你财运不好，而是你的人脉不够丰富。聪明的生意人都非常善于储备人脉资源。

张先生是一家公司的老总，他平生最信奉"得关系者得天下"这一准则。在他的眼里，有关系的高手就像是左右逢源的人，他们四通八达，没有到不了的地方，也没有谈不成的生意；而一旦没有了宝贵的关系，则必定如履薄冰，寸步难行，那种投门无路、四面楚歌的焦虑和窝火简直就像被武林高手点了死穴，既动弹不得，又奈何不了。所以，见多识广的张总天天忙着的就是广积"关系"。

一个人要想聚财，就先要聚人；有了人气，才会有财气。人生中最大的财富便是人脉，因为它能为你开启前行路上的每一道门，让你不断地成长，不断地获得财富。一个能成大事的人，关键不在于他自身的能力有多强，而在于他借助别人智慧的能力有多强。

在平时，人脉资源可以让你比别人更快速地获取有用信息，进而获得成功机会和财富；而在危急或关键时刻，也往往可以发挥转危为安，或临门一脚的作用。

许多人都以为，只有保险顾问、业务员、记者等职业，才需要重视人脉，因为人脉是他们吃饭的家伙，也是最大的资产，但事实证明，即使是科技、证券或金融等领域，人脉竞争力也是同样重要的。

无论你从事什么行业，掌握并拥有丰厚的人脉资源，都会让你在成功路上事半功倍。那么如何提高自己的人脉竞争力呢？以下几点供你参考：

（1）培养自信与沟通能力

提升人脉竞争力有许多技巧，但前提是一个人必须先具备自信与沟通能力。只有这样，才能很自然地与别人交流。确认自己是否自信，你可以问问自己的人脉圈有多大。没有自信的人，总是怕拒绝，处事被动，不敢主动与人交往，更甭论拓展人脉了。

（2）建立守信用的形象

摩根大通集团台湾区负责人郭明鉴有一次在接受记者访问过程中，当被问到"专业与人际关系到底哪一个比较重要"时，他沉思了许久回答："没有专业，你的人际关系都是空的。但是，在专业里，有一条是最难的，就是信任，而这也是人际关系的基石。"

（3）多赞美别人

美国"钢铁大王"卡耐基，在 1921 年付出 100 万美元的超高年薪聘请一位执行长夏布。许多记者访问卡耐基时问："为什么是他？"卡耐基说："因为他最会赞美别人，这也是他最值钱的本事。"可见，赞美的作用是多么重要。

（4）乐于与别人分享

不管是信息、金钱或工作机会，懂得分享的人最终往往可以获得更多，因为与他在一起的朋友越多，机会也就越多。

（5）保持好奇心

一个只关心自己，对别人、对外界没有好奇心的人，即使再好的机会出现，也会与他擦肩而过。

（6）增加自己被利用的价值

这句话听起来似乎有点不舒服，但却是事实。扪心自问，我们是不是都想结交那些比自己优秀的人？而胡雪岩对此说了一句更经典的话："自己是个半吊子，哪里来朋友？"一针见血道出了人际交往的本质。

如果你生来没有富爸爸，也没有娶到富家女或嫁给金龟婿，那么，你就要好好利用第三个扭转命运的机会——打造你的超强人脉。在这个竞争越来越激烈的时代，只有丰厚的人脉才会最终给你带来丰富的财运！

↙7
得人脉者得天下——你和谁在一起决定了你的命运

牛顿说："如果说我比别人看得远些的话，那是由于我站在了巨人的肩上。"牛顿这是在对前人的智慧和成果表示感谢，其实，对于个人发展来讲，关键时刻，你和谁在一起决定了你的命运。

在20世纪80年代的时候，对刚刚创业不久的微软来说，IBM的确称得上是一个不折不扣的"巨人"。初出茅庐的毛头小子比尔·盖茨深知单单凭借自己的能力，虽然可以使微软成为一家成功的公司，但是要成为未来软件业乃至整个计算机业的霸主，却不得不依赖 IBM。

1980 年 8 月的一天，IBM 公司给比尔·盖茨打电话，说有两个人希望会见他，请他安排一个时间。比尔·盖茨做梦也没有想到，大名鼎鼎的 IBM 公司的人会派特使主动来访。作为一家已经占据了 80% 以上电脑市场的大型公司，可以说已经坐在了电脑行业的头把交椅上，为什么要派特使下顾微软这个刚起步的小公司呢？

原来 IBM 公司一向致力于发展大型电脑，对微型个人电脑不屑一顾，当微型电脑市场呈现蓬勃发展之势时，IBM 公司才意识到犯了一个大错误。为了迎头赶上，IBM 公司打算收购发展潜力最佳的苹果公司，然而苹果公司没有出售的打算。经过专门成立的负责开发电脑委员会的成员，仔细研究得出两个结论：一是鼓励和支持那些独立的软件开发公司，让它们大量开发软件；二是建立起一个公开的机构，带动一大批软件公司发展。委员会决定按这个路子走，这等于改变了 IBM 公司过去一切自力更生的传统。为了日后宣传造势，这个委员会决定与其他公司进行秘密合作，以取得一鸣惊人的轰动性。

这时他们发现了微软公司在软件公司中特别引人注目，该公司包括 BASIC 语言在内的几个基本软件已经在微型电脑领域成为标准，它的产品销售量每年都要翻一番，显示了很强的发展前景，因此，该委员会决定同微软公司接触。

比尔·盖茨对 IBM 公司的主动合作既惊讶又惊喜，一个小小的微软公司能够同美国电脑市场上最大的公司做成生意是一件了不起的事，只不过比尔·盖茨还不知道 IBM 公司的葫芦里到底卖的什么药，但是，他知道这其中一定有缘由，天上掉馅饼的好事不会有。

1980 年 8 月 16 日，IBM 公司终于确定该合作项目是开发 8088 芯片。此前，IBM 公司还给微软公司送来 3 页正式文件，上面详细说明了微软公司应履行相关保密责任的临时条款。文件上说，对于 IBM 公司的机密消息，微软公司不得泄露给第三方，同时必须采取防止泄密的措施，IBM 公司可以在不预先通知微软公司的情况下，随时检查微软公司履行保密责任的情况。此外，该协议还规定 IBM 公司不愿意接受微软公司方面的机密信息，因此也不负保密责任。

这个临时条款使 IBM 公司立于不败之地，而微软公司却丧失了很多权利，稍有闪失便将付出很大的代价。如果微软公司不慎泄露了 IBM 公司的秘密，将承担法律责任，微软公司秘密为 IBM 公司所有，连官司也没法打。尽管比尔·盖茨知道这是一个不平等的条约，但他更知道这是一个不容错过的机会。在当时的情况下，自己相对这位蓝色的巨人来说不过是一只蚂蚁，蚂蚁要想尽快成长为巨人，只有借助巨人的力量，所以除非他不想与 IBM 公司做生意，不想成为巨人，否则就没有讨价还价的余地。权衡利弊，他当然是坚定果断地和这位巨人站在了一起。

后来的事实证明，比尔·盖茨的断定是正确的，自从签订了这个不平等条约后，微软公司便开始渐露王者的霸气。可以说，20 世纪 80 年代与 IBM 的合作，是微软公司发展中的第一个里程碑。

一些人创业初始，总是过于相信自己的实力，相信自己一夜暴富的能力，真的操作起来，才发现举步维艰。为什么？一来，你名气小，实力差，再怎么优秀，别人也不愿意相信你。二来，资金投入少，公司的进步很慢，你虽然有最好的技术，也会因为进步过于微小，而被有实力的后来者居上。如果你靠上一棵大树，用巨人的资金、名气、实力做你的后台，加上你本身的实力，那么，一飞冲天是有可能的。

1999 年的愚人节，呼和浩特市人们一觉醒来，发现在所有主街道上，挂有"蒙牛乳业，创内蒙古第二品牌"的红色路牌广告鲜艳夺目，蒙牛将自己的位置摆在乳业老大伊利之后，让人们对名不见经传的蒙牛留下的印象是：蒙牛似乎也很大。于是人们记住了蒙牛，记住了蒙牛是内蒙古乳业第二品牌。

蒙牛甘居第二的位置，表面上是贬低了自己，事实上是借了无人不知的"伊利"这个乳业"老大哥"打出了自己的品牌，这种策略还有一种好处，就是降低了伊利的敌意，这对初生的蒙牛很有好处。

借助"牛人"的力量，你就要先承认自己的"小"，学会不动声色，学会妥协，以退为进。否则，过于锋芒毕露的话，只会惹恼牛人，借力不成，反被牛人抢先一步，踩在脚下，那就大大的不妙了。

当然，要想和大人物站在一起，一定要先练就一鸣惊人的实力。如果你实力不强，那么，牛人有可能成为你的阴影。你也只能待在牛人的脚下去仰望了。

↙8

创业需要种植根系发达的黄金人脉

在现代商业社会中，一个人要想创业、做生意，首先要有人脉；有了人气，才会有财气；一个人只有积累了人脉资源，才有可能创业成功。所以，人是事业开展最重要的因素，是成功与否的关键。

技术、资金、人脉是创业的三大条件。如果你有足够丰富的人脉资源，那么资金和技术问题就能迎刃而解了。但是如果在创业前期不能积累丰富的人脉，在经营中就难免遇到让你措手不及的情况以及各种理不清的关系。哪怕是一个小小的细节，也可能因为缺少人脉而造成无法挽回的损失。没有丰富的人脉，你就无法解决这些问题。

陈修大学一毕业就跟父母要了 10 万块钱，投资开了一家小型的电脑公司。虽然在开业之前，陈修进行了市场考察，自己以前也从事了几年的相关行业，然而，公司一开张，陈修就连连遇到难题，一些小关节上出了问题，都会让他手忙脚乱。结果，10 万块钱打了水漂。

创业失败，陈修不但没有总结教训，还以为是自己从事的这个行业竞争力太强所致，感叹自己生不逢时。他爸爸的同事知道了，一语道破天机：“没有人脉，就是生意送上门也要砸！”

有些创业者账算得门清，形势也分析得头头是道，但是看别人赚钱容易，轮到自己却全然不是那么回事，反而那些外行的，倒把生意做得有声有色，为什么？因为人家有人脉。

陈某是某市餐厅老板，他的餐厅是那个市里发展最快、最具规模的。是他更具做生意的天赋？是他有强硬的后台？朋友和同行们问出这些问题时，他说：“统统不是。事实上，我不比其他人厉害，我只是有最佳的人脉。”“在做餐饮前，我就很注意与同餐饮业相关的人员打交道。到我开始做餐饮时，这些人已经是我的好朋友。在他们的帮助下，我才能很顺利地开展生意。期间，我继续扩大自己的交际圈，这些人里有捧场的、帮忙的、解决难题的，他们都给了我很大的帮助。没有他们，我一个人根本不可能创下这份家业。”

“即使是现在，我也仍和这些新朋旧友关系密切。我们互帮互助，相互提携，大家都很开心。事实上，我自己认为，从某个方面而言，这些人才是我最大的财富！”

一个人的人脉资源越丰富，那么他赚钱的门路也就越多；人脉资源越宽广，做起事来就越方便，效益就越稳固。反之，没有人脉，无论你有多大的本事，有多少金点子，有雄厚的启动资金，创业之路也会因根基不稳，导致困难重重，无法在强手如林的竞争中立足。

国民党荣誉主席连战，不仅是重要的政治人物，还坐拥数百亿新台币的资产。这些都得益于连家广泛的人脉。台北中小企业银行的董事长陈逢源，彰化银行董事长张聘三等等，这些精英人士都是连家的老乡或朋友，他们彼此都非常了解。连战及其父亲连震东在投资股票和房产时，巧借这些"圈内人"的信息和分析，从而避免了投资失误，使得个人财富不断升值。

人脉会带来生意场上的各种信息。你认识的人越多，人脉圈越广，更新信息的速度也越快，掌握的信息也越广泛、越准确。在这个信息发达的时代，拥有丰富的信息，便拥有发展的机遇。人脉就是你的情报信息站，有了人脉，也就有了你事业发展的平台，有了创业的基础。

人脉就是你的衣食父母。不管你现在是上班族，还是创业者，在你的行业领域内，要多多认识一些人才，多拜访一些客户，成功地和他们建立业务关系。此外，三教九流的人你都要打交道，你不仅要学会和他们打交道，还要学会和他们做朋友。当枝繁叶茂的人脉大树成长起来的时候，你的创业之路就会变得容易多了，财源也会滚滚而来。

第二章
DI ER ZHANG

圈子对了，事就成了
——再穷也要站在富人堆里

你多方求援却无功而返，别人一个招呼就搞定；你千方百计却徒劳无功，别人一个电话就解决。所有成功的人，都视朋友圈为最宝贵的财富，并且高效地运用朋友圈的关系。你完全有理由相信，优良的人脉圈子，足以让你少奋斗二十年。

↙ 1
今天，再也不是单枪匹马的时代了

很多人经常感慨：为什么求人办事这么难呢？为什么别人成功那么容易呢？我的命不好啊，我的运气不好！生活中，有这样感慨和叹息的人并不少，在他们看来，成功需要很大的运气，还与"命"有关。真是这样吗？其实不然，成功真正靠的是人脉，他们没有意识到这一点，没有重视人脉的建设，自然难以轻松办事、顺利成功。

很多人认为，成功要靠自己，事实上，一个人的能力是有限的。因为这不是一个靠单枪匹马就可以打天下的时代，一个人再有能耐，力量也是渺小的，就如同大海中的一滴水，难以掀起万重浪。只有善于结交人脉、借助别人的力量，才能最快到达目的地。

在好莱坞流行一句话："一个人能否成功，不在于你知道什么，而在于你认识谁。"这是一个靠人脉成大事的时代，无论你是公司的管理者，还是普通的员工，只要你想成功，都逃脱不了人脉的影响。

俗话说："一个篱笆三个桩，一个好汉三个帮。""在家靠父母，出门靠朋友。""天时不如地利，地利不如人和。"在《三国》中，曹操"挟天子以令诸侯"，抓住了天时；孙权尽掌东吴，可谓占尽地利；而刘备，一个织席贩履之辈，之所以能与曹操、孙权三分天下，靠的是"人和"，靠的是诸葛亮、关羽、张飞、赵云、黄忠、马超等人的相助。从这个角度来看，刘备是最成功的。

在刘备身上，我们看到了一条成功的真理：有人脉，成功轻而易举。放眼天下成功人士，在他们奋斗的过程中，都得到了贵人的支持。世界首富比尔·盖茨经常被人问到"如何成为世界首富",每次他的回答都一样:"因为我请了一群比我聪明的人来帮我工作。"

人脉就好比一座无形的金矿,拥有了这座金矿,就掌握了取之不尽的财富。富人认识到了这点所以富人富了;富人认识得深刻,于是富得流油了;穷人没有认识到这点;所以穷人穷了一辈子;穷了一辈子还不算,穷儿子、穷孙子,一代代穷下去!

想要成功,就必须有人脉。人脉众多,才能四通八达。我们一定要明白:社会就是一张巨大的网,每个人都是网上的一个结,和你连接的"结"越多,你就越有影响力。反之,如果只是一个"结",即使这个结再大,还是孤零零的"结",终究于事无补,尤其是在中国这个重视人伦关系的国家。

问你一个问题:当你想创业时,你必须具备哪些条件呢?你可能会脱口而出:"资金和技术。"没错,这是重要的创业条件,但不是最关键的,因为最关键的是人脉。当你拥有足够丰富的人脉资源时,你的资金自然不成问题,你的技术难题也会迎刃而解。

虽然人脉不是金钱,但是人脉胜过金钱,它是一种无形的资产,有了人脉,金钱早晚会有的。比如,你有丰富的人脉,当你创业时遇到了难题,你一个电话,就能找到熟人帮你解决问题。这不就帮你省钱、赚钱了吗?反之,你没有人脉,你费了九牛二虎之力都无法解决问题,或者能解决问题,但要付出很大的代价。这里的差别,足以体现人脉的重要性。

气球之所以飞不起来,是因为它没有被打气;人一辈子不走运、不成功,是因为他没有足够的人脉。正如一句俗话所说:"顺风行船易,逆水驾舟难。"有经验的水手,航行于大海之中,往往懂得借助风力,从而快速前进。在人生的茫茫大海中,借助人脉的力量如同借助风力,能帮你取得事倍功半的效果,助你早日成功。

↙2
当马云遇见孙正义——贵人帮你度过事业寒冬

成功的路上总是充满了荆棘与坎坷，我们要想顺利到达成功的彼岸，单枪匹马的打拼是很难取得胜利的。但是，如果我们能够找到几个帮助我们实现理想的贵人，那么一切都皆有可能了，成功和财富也就唾手可得了。纵观历史上那些成功的人，在他们的成功路上，特别是在事业遭遇寒冬之时，总会遇到或找到生命中的贵人，在贵人的支持下，走过了艰难时期，缩短了与成功之间的距离。

在日常生活中，每个人都可能成为你生命中的贵人，因为贵人不可能就长着一副贵人相，甚至很多时候，看似其貌不扬、非常落魄，未来却有可能飞黄腾达。所以，要想抓住这一份关系，就必须善于发掘贵人，并且跟他们处好关系。你可以结交尽可能多的人，在这些人中，每个人都可能成为你的贵人，也就是说，如果你结交的朋友越多，那么你的关系网中出现贵人的可能性就越大。

如果马云没有遇到孙正义，阿里巴巴就不可能那么快地度过寒冬，更不会有今天的辉煌。马云显然是幸运的，他在天时地利人和皆备的情况下，得到了孙正义的赏识。马云也抓住了这次机会，只用了短短6分钟，就改写了阿里巴巴的历史。

阿里巴巴在高盛资金进来的第二天，一个朋友找到马云说："Softbank（软银）的孙正义正在北京，你愿意见他一面吗？"考虑过后，马云就独自一人去会见孙正义了。当他推开会议室的门时，屋子里坐满了人，那些人都看着走进来的马云。号称"网络投资皇帝"的孙正义问："你要多少钱？"

马云说："我不需要钱。如果你有兴趣，我可以给你介绍一下阿里巴巴的情况。"6分钟后，孙正义说："马云，我一定要投资阿里巴巴。"

后来，两个人又见了一次面。孙正义没绕弯子直接说道："我们怎么谈?"

马云说："钱不是问题，但你必须同意我的三个条件。第一，希望你亲自做这个项目。"

孙正义说："我从来不做我投资公司的董事，你们知道我会很忙，没有时间经常参加你们的董事会，我就做你的顾问吧。"

马云提出的第二个条件是要孙正义用自己的钱来投资阿里巴巴，第三个条件是关乎公司运作的。马云说："我们必须以客户为中心，因为阿里巴巴要有长远的发展，所以要有远大的目光，不能只看眼前的利益。"不到几分钟，两个人就达成了一致。

2000年1月，双方正式签约。不久，很多拿着B2B（B2B是指一个市场的领域的一种，是企业对企业之间的营销关系）商业计划书但被Softbank断然拒绝投资的创业者，很不解地责问Softbank中华基金首席代表石明春："马云凭的只是一张嘴，可我们却是在实实在在地做生意，为什么你们能投资给他而不能投资给我。"石明春只能遗憾地告诉他们："因为马云以他杰出的煽动力征服了我的大老板孙正义。这项投资甚至与我无关，是由Softbank总部直接投给阿里巴巴的。"

孙正义把三千万美元打到了阿里巴巴的账号，没想到马云却认为钱太多，有点后悔了。他对孙正义的助手说，我只要两千万。孙正义的助手非常不能理解，甚至怀疑他有问题。马云不多做解释，当场给孙正义发了封邮件："……希望与孙正义先生牵手共同闯荡互联网……如果没有缘分合作，那么还会是很好的朋友。"

5分钟后，孙正义做如下回复："谢谢你给了我一个商业机会，我们一定会让阿里巴巴名扬世界，变成雅虎一样的网站。"然后，马云退回去了一千万美元，剩下的两千万让阿里巴巴顺利度过了后来那个严酷的寒冬。

也许即使没有孙正义的融资，凭着马云聪慧的头脑也能够让阿里巴顺利渡过难关，继续走向辉煌。但是，很显然，孙正义的出现让马云和阿里巴巴在更短的时间里看到了胜利的曙光。如果贵人出现在你艰难挣扎的时候，那是雪中送炭；如果贵人在你事业顺利的时候出现了，那就是锦上添花。不管是前者还是后者，贵人在我们的生命中起着非常重要的作用。

贵人很可能就是我们身边毫不起眼的某一个人，他给你带来的也许并非实实在在的物质帮助，也许只是一句醍醐灌顶的话，也许只是一个小小的建议。所以，不要戴着有色眼镜去寻找你生命中的贵人，更不要以有色眼光去结交朋友，因为你永远都不知道能够助你成功的人是谁，也不知道他究竟在何处，什么时候出现，你要做的就是带着一颗真诚的心去结交值得结交的一切朋友，这样，你得到贵人帮助的机会就会更大。

↙3
当张朝阳遇到尼葛洛庞蒂——贵人让事业做大做强

一名田径运动员曾说过："当你跟其他人处于同一起跑线时，你要知道，若自己的起跑速度和奔跑速度与他人没有太大差别，这就需要你提高自己的速度了。"贵人，就是助我们奔向成功的加速器。

很多想创业的人常常感叹：想要成就自己的"霸业"实在比登天还难！这句话的确是生活中真实的写照，成功的路上总有艰难险阻不断扑面而来，所以很多人还没开始奋斗，就被挫折的浪涛拍在了远离成功的海岸。

张朝阳就是其中之一。想一想，如果张朝阳没有遇到尼葛洛庞蒂，没有幸运地抓住这张助他成功的王牌，现在的他会是什么样呢？当然，这一切都是假设，正是因为有了尼葛洛庞蒂的支持，才有了今天闻名遐迩的"搜狐"。

提到"搜狐"二字估计无人不知无人不晓，而搜狐的掌门人、首席执行官张朝阳发家的故事，也是很多人津津乐道的事情。

"搜狐"的创始人张朝阳从小就不安分，他对任何事物的感知都很强烈，爱走极端。他经常看《中国青年报》，上面很多自学成材的故事深深吸引了他。1986年，他获得李政道奖学金，赴美国麻省理工学院（MIT）深造。

1996年的中国，绝大多数人还不知道互联网是什么，而张朝阳的互联网创业之路在这一年正式起步了。创业之初，张朝阳整日奔波在纽约和波士顿。那时候的他手上并没有任何现成的商品可以出售，只有一份商业计划书，并且是一份在今天看来并不是很成熟的想法和计划。

那时的他几乎是"上天无路，入地无门"。而正是此时，尼葛洛庞蒂走进了他的视野。尼葛洛庞蒂给张朝阳投资了十七万美元，他说："我虽然并不认识张朝阳，但是我确实知道互联网是很重要的，也知道中国是重要的，我也知道张朝阳是一个很聪明的人。这就够了。正是基于这几点，我才投资。"很快张朝阳借助这笔资金，立即在北京创立了爱特信公司，这家公司也就成为事实上的中国第一家借助风险投资建立的网络公司。

一连串艰苦的努力和惊弓之鸟般的等待以后，1998年2月25日，他推出了大型中文网站——"搜狐"；1998年10月5日，在美国《时代周刊》闻名全球的年度风云人物评选活动中，他的名字被列进了"全球50位数字英雄"；1999年7月，他成为《亚洲周刊》的封面人物，在这期杂志上还刊出了一篇题为《重归故里》的介绍他的报道……如今，张朝阳和他的"搜狐"已经人尽皆知，圈子里有这样一句话："没上网的人都知道搜狐"。

对于张朝阳来说，尼葛洛庞蒂的投资改变了他的命运，因为尼葛洛庞蒂投给他的不仅是资金，还有信心和知名度。而这种完美的双赢局面当初又有几个人能预见？

贵人就是能为我们改变命运的人，张朝阳在他一无所有的时候遇到了尼葛洛庞蒂，终于使他的"搜狐"成为了目前中国最领先的新媒体、电子商务、通信及移动增值服务公司，张朝阳也成了中国互联网里的佼佼者，为中国的互联网事业开了一个非常好的先河。

阿基米德说过："给我一个支点，我可以撬起地球。"对于一个渴望成功的穷人来说，贵人就是其生命中的支点，凭着它，穷人可以轻松撬起沉重的人生，让生命焕发出鲜艳的光彩。看看那些成功的穷人，就能证明这句话一点也不假。许多像李景全那样的成功人士，在奋斗的过程中都是因为遇到了贵人的帮扶，才在经历过磨难之后获得大量的财富。那些在创业过程中没有得到贵人的支持，而在最后使得千辛万苦建立起来的事业毁于一旦的事例也不在少数。

所以，单凭一个人的力量就想得到丰厚的财产是异常艰难的，我们需要的是贵人的扶持。如今，贵人已经成为了我们的一种财富。拥有贵人，你就能获得成功的机会，你就会走出穷人的阴影。那么，要想成为盖茨的女婿，要想赢得财运，就应该从现在开始，扩张你的关系网。因为只有丰厚的人脉，才能让我们得到贵人相助的机会，才会最终带来丰富的财运。

↙4
张近东的成功魔法——关系网让你雄霸天下

美国著名的成功学大师戴尔·卡耐基经过长期研究得出结论说："专业知识在一个人的成功中的作用只占15%，而其余的85%则取决于人际关系。"所以，无论你从事什么职业，学会处理人际关系，那么你就已经成功了85%。在生活中我们不难发现，一个人的成功和他身边的人际关系有很大的关系。通常在业界能够"只手遮天"的那些成功人士，无一不是有一条成功的秘密捷径："密切彼此的友谊，可获得发展的机遇。"实际说来，机遇都是从你认识的人中得来的，我们要成功，就必须依靠一定的关系去获得优势，这样你才能够成为你所在领域的一方霸主。

　　张近东是江苏人，除了具有南方人细密的心思之外，他还具备了北方人特有的豪爽，为人谦和、真诚、讲义气。正是这种性格，使他结交了各行各业的众多朋友，造就了今日赫赫有名的苏宁电器。

　　苏宁电器从成立以来曾多次获得"国内十大最具影响力企业"称号，不仅如此，苏宁电器还获得"中国商业名牌企业"、"首届中国优秀民营企业"、"2005年度中国著名品牌200强"等荣誉。苏宁电器在深交所上市以后，中国股市第一高价股成就其"中国家电连锁NO.1"的美名，而董事长张近东也因此被冠以"中国现代商圣"的美称。

　　在一次《财经》杂志的专栏采访中，张近东对记者说："任何美誉度只能代表外界对苏宁的一种极大程度的认可，中国家电连锁业如何营造一种厂商之间鱼水深情的氛围，是目前大家最关注的问题。在商言'义'是现代企业发展的命脉，也是苏宁对厂商关系定下的原则。"

　　2004年7月22日，张近东在深圳为苏宁正式登陆中小企业板举办晚宴，那场晚会简直成了各大家电老板们的聚会。康佳、创维、长虹、海尔、TCL、科龙等国内著名家电品牌的领军人物纷纷到场，就连很少出现在公共场合的美的集团董事长何享健、春兰集团总裁陶建幸、海信集团董事长周厚健也都在当晚出席了。

　　张近东说："财富只是企业的一部分，对于商业连锁企业而言，更重要的是人脉，也就是厂商关系。无论是制造商还是销售商，在整个产业价值链上都是增值型的服务商，都以服务、信誉和创新来不断创造自身和消费者的价值，进而提升整个产业链的价值。"

　　从张近东的言谈中大家可以看出，苏宁真正意义上的成功就在于张近东的"人脉优势"。"人脉优势定天下"正是如今社会成功认识的发展方向，在竞争激烈的社会中，如果一个人拥有了庞大的社会关系群，也就相当于有了更多成功的机会和优势。所以，如果你想要成为一个成功者，或者想在自己的领域中成为佼佼者，或者想要自立门户开创事业，你都要有意识地去结交和积累各行各业的朋友资源，说不定哪一天就为你带来了很好的机遇。

一个人如果没有良好的人际关系，即便再有能力，再有前途，也不可能有施展的空间。曾经有这样一个调查，调查对象是很多企业的老板，问题是："就贵公司最近解雇的三名员工而言，解雇他们的理由是什么。"结果超过三分之二的答案都是："他们是因为不会与别人相处而被解雇的。"很多人从众多的竞争者中脱颖而出，被提升到管理层，仔细观察就会发现，这些人不一定是能力、知识最强的，但肯定是最善于经营关系的人。

当你准备拥抱成功的那一天，就应该把关系和机遇连接起来，充分发挥自己的交际能力，不断扩大关系网，让自己拥有一个广阔的关系圈子，并在这些关系网中寻找能够助你一臂之力的朋友。要想抓住机会走向成功，之前你首先要学会训练自己的交际能力，好让自己成为一个处处受欢迎的人，当你在人群中游刃有余、应付自如的时候，这些辛苦建立起来的关系就会成为你日后创造财富和寻找人生际遇的最佳途径。

人与人之间是需要合作的，一个人的成功也来自与他相处的人群，只有在这个社会中游刃有余，才能将自己前行的道路开拓得更加宽阔。如果没有一定的交际能力，肯定会处处碰壁。如果使自己陷入人群中的孤岛，那么你将举步维艰。所以，不妨从现在起，开始编织属于自己的宝贵的关系网，相信只要你的关系多了，办起事来自然也就轻松得多，成功之日也就离得不远了。

↙5

得贵人相助，麻雀也能变凤凰

据调查表明，凡是做到中、高级以上的主管，有90%都受过上司栽培；至于做到总经理的，有80%遇到过贵人；自己创业当老板的，竟然100%都曾被人提拔过。可见，贵人是决定我们一生成败的重要人物。在这里，我们分享一下世界一流人脉资源专家哈维·麦凯是如何利用人脉来推销自己，找到一份好工作的。

哈维·麦凯从大学毕业那天就开始找工作。当时的大学毕业生很少，他自以为可以找到最好的工作，结果却徒劳无功。好在哈维·麦凯的父亲是位记者，认识一些政商两界的重要人物，其中有一位叫查理·沃德。查理·沃德是布朗比格罗公司的董事长，他的公司是全世界最大的月历卡片制造公司。

4 年前，沃德因税务问题而服刑。哈维·麦凯的父亲觉得沃德的逃税案有些失实，于是赴监采访沃德，写了一些公正的报道。沃德非常喜欢那些文章，他几乎落泪地说，在许多不实的报道之后，哈维·麦凯的父亲终于写出了公正的报道。

出狱后，他问哈维·麦凯的父亲是否有孩子。

"有一个在上大学。"哈维·麦凯的父亲说。

"何时毕业？"沃德问。

"很快就要毕业了，那时他一定会需要一份工作。"

"噢，那正好，如果他愿意，叫他来找我。"沃德说。

哈维·麦凯一毕业就打电话到沃德办公室，开始，秘书不让见。后来提到他父亲的名字 3 次，才得到跟沃德通话的机会。

沃德说："你明天上午 10 点钟直接到我办公室面谈吧！"第二天，哈维·麦凯如约而至。不想招聘会变成了聊天，沃德兴致勃勃地聊起哈维·麦凯的父亲所做的那次狱中采访。整个过程非常轻松愉快。聊了一会儿之后，他说："我想派你到我们的'金矿'工作，就在对街品园信封公司。"

在街上闲晃了一个月的哈维·麦凯，现在站在铺着地毯、装饰得客客气气的办公室内，不但顷刻间有了一份工作，而且还是到"金矿"工作。所谓"金矿"是指薪水和福利最好的部门。

那不仅是一份工作，更是一份事业。42 年后，哈维·麦凯还在这一行继续寻找那个捉摸不透的"金矿"，而且成为全美著名的信封公司——麦凯信封公司的老板。

哈维·麦凯在品园信封公司的工作当中，熟悉了经营信封业的流程，懂得了操作模式，学会了推销的技巧，积累了大量的人脉资源，这些人脉都是哈维·麦凯成就事业的关键。

后来，哈维·麦凯说："感谢沃德，是他给了我工作，是他创造了我的事业。"

贵人的帮助使哈维·麦凯一毕业就找到了自己的"金矿"。当然，并不是每个人都有这样的运气，大部分还是要按部就班地进行艰难的求职和创业。但这并不等于说，没有贵人，我们就一生无望。况且，对于一个善于创造机会的人来说，贵人的出现，只是时间问题。

虽然贵人身上并没有贴标签，我们不能将其一眼认出，但我们可以通过自己的努力，让贵人一眼相中自己。那么，什么样的人才能有更多机会遇到贵人呢？

若要被贵人"相中"，首要条件还在于，自己是不是这块料。如果你一无所长，只是侥幸得到一个不错的位置，保证后面一堆人等着看你的笑话。毕竟，千里马的好坏，代表伯乐的识人眼力。假如提拔了一个扶不起来的阿斗，对贵人的荐人能力，也是一大讽刺。贵人们一般不会干这种傻事。

其次，要谦虚好学。先不要判断贵人会对你有什么帮助，而要问自己愿不愿意虚心学习贵人身上所具备的优秀才能。虚心的人承认且懂得欣赏他人的优点、以谦卑的心向人请教，贵人自然会靠近你。他们宁可提拔一个虚心求教的穷小子，也不愿意提拔一个心高气傲的富公子。

最重要的一条是，向贵人展示你的利用价值。当你有可能成为他们的心腹和助手时，贵人当然更乐意将你纳入他的囊中。

但是，在寻找贵人的过程中，你也要有点儿"心眼"：

①选一个你真正敬仰的人。

②摸清贵人提拔你的动机。有些人专门喜欢找人为他做牛做马，万一

出了事，你不仅捞不着好处，还可能成为替罪羔羊。

③不要自恃贵人撑腰而招惹祸根。无论是职场还是生意场上，得到贵人的扶持时，切忌张扬，以免遭人嫉恨。

④不要舍近求远。离你最近的人了解你最多，他更能知道你"好用"还是"不好用"，所以，他的推荐往往成功率较大。

⑤要知恩图报，饮水思源。有些人在受人提拔、功成名就之后，往往就想遮掩过去的痕迹，口口声声说"一切都是靠我自己"，一脚踢开关照过他的人。如果你不想被别人指着鼻子大骂忘恩负义，可千万别做这种傻事。

贵人虽然能让你麻雀变凤凰，但是，你一定要记住，真正改变你的是你自己，你必须使自己足够优秀，否则，你一辈子都可能没有机会遇到贵人。抓住每一个可以提高和改变自己的机会去成功，贵人自然会来到你的身边。

最后要记住的是，做个有心人，善待你所遇到的每个人，随时随地注意开发你的人脉金矿。你所认识的每一个人都有可能成为你生命中的贵人，成为你事业中重要的顾客。

↙6
从现在开始，再忙也要将这十种贵人纳入囊中

现代社会，要想成功，必须有各方面的关系，下面这十种人，必须是你要结交的。

（1）名人

与名人交朋友的好处当然很多，那么要如何认识名人呢？一般来说，可以先去认识名人的经纪、宣传、公关人员及教练，然后请他为你安排一次与名人见面，或替你打一次电话，或者你自己亲自到名人常去的地方，

比如餐厅、游乐场等，以便找机会接近。

（2）公务人员、警察

这个几乎是不用解释的，因为几乎每一件事，如运走垃圾、子女就学、水费、噪音污染、你新买的车子被偷了以及你家的门被小偷不请而入，等等，你都需要他们。

（3）媒体人

千万要善待媒体，哪怕你这一辈子都可能用不到他们。你的媒体联络人可以代表你，并站出来处理一些事。那么究竟应该怎样做才能让他们成为你人脉中的一部分呢？首先给他们所需要的东西，然后他们就会给你需要的东西。记住，互利是最有效的途径。

（4）旅行社职员

如果你经常出差或者旅游，认识一个有经验的旅行社职员是再好不过的了。因为有了他，你可以只花200元买到一张飞机票，而别人却需要付出双倍的价钱。

（5）能帮你弄到门票的人

如果你的客户打电话过来，告诉你他需要4张下午3点的球票，但你电话问过所有的票务公司，都卖光了，怎么办？这个时候，这些人就非常重要了。

（6）职业介绍所、人才市场的职员

如果你需要一份工作，你就会和职业介绍所的人打交道。如果有了工作，可能多数人都不愿意和他们打交道，其实，没有必要，重要的不是你现在怎样，而是你未来会怎样。即使你现在有一份好的工作，你也可以和他们保持良好的关系，未雨绸缪的做法永远不会错。

（7）律师

随着社会法制的健全和完善，法律也触及到了社会的各个方面，所以，认识几个不错的律师是非常有用处的。社会是复杂的，各种各样的人都有，如果你和别人有什么纠纷，需要对簿公堂，你有一位知名的律师，

胜算就很大。

（8）银行、保险、理财专家

银行非常重要，它在你的生活中发挥了越来越重要的作用，你的投资理财都需要银行这一现代商业社会最重要的角色。有了银行这个人脉，当你的资金运作出现问题时，你知道该打电话给谁。有了资金作基础，你的投资、创业之路就会变得平坦多了。

（9）保险

没有人希望自己会有什么意外，但是投保确实是一件没有坏处的事情。不要等到出了什么事，才知道是否要投保，但最好的办法莫过于认识一位这方面的专家了，他会告诉你怎样去投保，从而让你的人生更加保险。

（10）医生

随着人们生活水平的提升，人们对长寿的欲望越来越强。因此，人们对身体的健康会越来越关注。健康成为一种重要的附加价值。你的熟人中有一名医生，他会给你的健康提出许多好的建议，而且，当你万一身体不恙，他会使你花最少的钱而事情办得更快。所以医生在你的生命中是非常有意义的。

把这十种人纳入你的关系网中，他们将直接关系到你的人生和事业品质。你的人脉网中有这十种人，你的生活和工作就会左右逢源、轻松愉快。

↙ 7
结交有圈子的朋友，在关系中找关系

古语说："天时不如地利，地利不如人和。"可见，人脉对一个人非常重要，它就像无形的资产，是我们最宝贵的财富。然而，提到人脉，很多人会说：我也有朋友，为什么我的圈子仅局限于几个人呢？

其实，关键在于很多时候，我们没有积极去找关系。所谓"一回生，二回熟"，人际交往不就是通过老朋友结识新朋友，通过朋友认识朋友的朋友吗？然后由这个圈子，结识另外一个圈子的朋友，就这样不断地扩大我们的人脉圈子。

吴东和很多毕业不久的年轻人一样，人脉圈子主要是以同学为中心，他对社会的认识较为浅显，一旦在工作中碰到了问题，遇到了困扰，吴东就会无所适从。渐渐地，他意识到要结交不同圈子里的朋友，以便见多识广，丰富自己的阅历。

有一次，吴东看见同事李明下班后急急忙忙地出门，好像是赴约似的，于是他笑着问了对方一句："李朋，这么着急啊，去哪儿呢？"李明说："我要去参加一个聚会，7点开始，我怕迟到了。"

吴东说："那你赶紧去吧，路上小心啊，不要太着急了。"

李朋说："你去吗？我正好有个伴。要不一起去吧？"

吴东受宠若惊，忙问是什么聚会。原来是一群爱唱歌的朋友组成的音乐俱乐部，大家每个月组织两次活动，在一起聊天、唱歌，交流感情，有时候还会结伴郊游。吴东高兴地参加了，在李朋的带领下，他进入到了音乐圈子。原本他的嗓音就不错，这次一展歌喉之后，顿时震撼全场。

借助这个音乐圈子，吴东认识了很多爱唱歌的朋友，这些人来自不同的行业，有的是搞IT的，有的是做销售的，有的是做文秘的，还有的是公司的管理者。随着交往的加深，吴东在认识的这些人的引荐下，又结交了更多有圈子的朋友。

后来，吴东被朋友推荐到一家大公司，待遇和发展空间都不错，这让吴东深刻地感受到人脉的作用。

你认识不同圈子里的人吗？你有来自不同圈子的朋友吗？很多人的回答是否定的，他们从事什么工作，就认识本行业里的朋友。对于其他行业，他们两耳不闻窗外事。自己有什么兴趣，就认识兴趣相投的朋友，对于其他兴趣的爱好者，他们也不屑于与之交往。这就导致他们的人脉圈子过于单一。真正遇到困难，也难以获得帮助。

聪明人要善于打破单一的人脉圈，积极地走出去，结交更多有圈子的朋友。当你融入了不同的圈子时，你的人脉就会像数学里的乘方一样扩张，其速度是惊人的，效果也是显著的。比如，你从事广告设计工作，但你认识销售行业的朋友，认识绘画方面的朋友，还认识美发方面的朋友，从他们身上，你可能就会找到广告设计的灵感，有了困扰时，和他们进行一番交流，或许也有意想不到的收获。

当你认识了一个朋友之后，他可能把你带入到他熟悉的圈子里去。当然，前提是你必须先取得这位朋友的信任。要知道，在人际交往中，朋友的介绍相当于是一种信用担保。当朋友邀请你参加聚会时，如果可以去，千万别拒绝。因为在那个聚会上，你可以认识到更多的朋友。说不定其中就有你用得着的人。

作为成人，千万不要忽视朋友圈子的力量。因为一些带圈子的朋友可以弥补你个人能力不足的缺陷，帮你以最快的速度拓展人际关系。通过一些带圈子的朋友，你可以了解到不同的行业。当然了，在认识带圈子的朋友的同时，你也应该给别人介绍一些新的圈子，让别人从你这里获得好处。

那么，在这个网络时代，你怎样才能结交带圈子的朋友呢？你可以在论坛、博客里呼朋唤友。论坛、博客中往往藏龙卧虎、高手如云，你不但可以从中学到令人吃惊的知识，还可以借助这个平台，与来自五湖四海的朋友交流，从而便于你结交志同道合的朋友。

你还可以在社团交际中"淘宝"。当你想结交某个领域的朋友时，可以加入到这个领域的社团组织中，因为社团组织往往有共同的兴趣和爱好，所以交流起来更轻松。如果你能在这样的组织中当一个组织者，比如，会长、领队什么的，那么你与大家打交道的机会就更多了，就更容易结交朋友了。

↙8
百年财富箴言：再穷，也要站在富人堆里

日本首富系山英太郎有一套"利益至上交友法"。开宗明义地表示"别和穷人交往"。这话听起来似乎有歧视穷人的嫌疑，但其实他的重点不在于此。

朋友是社会关系的重新组合，朋友的层次就是你的层次。朋友的思维和言论对你的事业和工作的影响是不言而喻的。如果你想成为有钱人，就要设法站在富人堆里，这样你从思维到层次才会接近于有钱人，你也才有可能成为真正的有钱人。如果你周围的朋友只是为一次小小的加薪或超市的便宜货而欣喜，那么你自己的目光也难说能看多远了。

大部分有钱人都是白手起家的，经历过穷日子，打过工，有过很多辛酸泪，哪怕是一个小老板，他也有一套自己的成功经验。和他们在一起，你能从他们身上学到很多东西。再有，他们有一定的人际关系，消息灵通，说不定一句话就会改变你的命运。

有一个朋友在一家大公司任经理，期间刚好有几千米的铁栏要外发加工。想想看，谁会最先得到这个消息？只有他身边的朋友。因为有的东西，内部的人有说话的权利，但不方便插手，这时就只能靠朋友。所以朋友的朋友就开始到处找厂家报价，仔细算算，一笔两百多万的大单，吃差价也要赚个十来万。朋友现在终于体会到了这句话的真谛："再穷也要站在富人堆里。"他说："说穿了，这个社会就是这样子，你打一辈子工，也抵不上有钱人的一笔单子！"

因此，你想成为有钱人，就要和有钱人站在一起。你可能会觉得，这样我是不是太势利？当然，并不是要你对穷哥们、穷亲戚从此就"嫌弃"不理，如果你是个聪明人，就不会这样做。穷朋友可以有，但富朋友更不

能少。富朋友也不一定是千万富翁、亿万富翁。把自己置身于"富"的氛围中，这才是最重要的。

许多没钱人的脑子里都存有一个观念，就是认为自己一定不可能从这个市场上获得成功。有一个道理是很明显的，当我们要去拜访非常成功的人士时，一定要把自己也当做同样成功的人，而且觉得自己很配得上做这笔生意。当你以富人的心态去说话做事时，你会发现，你身边已经不知不觉地聚集了一些富人朋友。这是一件很自然的事情。

有钱人跟没钱人是不一样的，有钱人有更大的需要以及更多的资源。在你还没有钱的时候，要和他们打交道，最好的办法就是让他们需要你，哪怕只是在他们那里争取到微不足道的小订单，也是值得的，这是一个好的开始。认真地、公平地、尽最大所能地和他们做生意，他们会很快看到你的潜力，并且乐意和你打交道。

除此之外，你要使自己成为一个充满社交技巧的人，更重要的是要有勇气说服自己去开发这群有钱人。

就开发有钱人市场而言，多参加以下五方面的活动是极为重要的。

①经常在有钱人出入的高级场所曝光自己，让他们认识你。

②在名片上注明自己的专长。

③参加适当的组织。

④参加商展会场、专业的大会或年会。

⑤参加座谈会和演讲会。

要进入有钱人的世界，真的是非常困难。不过，不管进入的困难程度有多高，都不能跟这个有钱人的世界带给你丰厚的回报相提并论。

第三章

DI SAN ZHANG

己所不欲，勿施于人
——以心换心，才能赢得好人缘

俗话说得好："帮助别人往上爬的人，自己也会爬得很高。"在与人交往的过程中，如果你能主动帮助他人，那么你的朋友就会越来越多，财富的机缘就会大大增加。所以，聪明的人总是善于把精力投向身边需要帮助的朋友，毕竟，"雪中送炭"的情分，会让他们始终牢记。

↙ *1*

把握住每一次帮助别人的机会，
乃是拓展人脉的最佳时机

有一句名言："帮助别人往上爬的人，自己也会爬得很高。"在与人交往的过程中，如果你能主动帮助他人，那么朋友就能越来越多，财富的机缘就大多了。大多数人帮助别人都是带有功利心理的，希望别人有朝一日能够回报自己，因此很多人在帮助朋友的时候，显得摇摆不定。其实，帮助别人就是为自己种下善因，能够带来回报自然是很好，没有回报也不用在意。尤其是雪中送炭的人，有机会的时候，你帮过的人一定会"滴水之恩，涌泉相报"。所以说，想要得到良好的人际关系，想要得到更多朋友，就要学会帮助别人。

刘民毕业后留在北京一家银行工作，因为工作努力，成绩突出，不到两年就升职做了银行分理处的总经理。可是从几个月前开始，分理处的业务量明显下降。刘民作为总经理，想要让业绩回升到以前的样子。于是，他告诉手下的职员们："要做工作先学会做人，一定要拿出像对待朋友一样的真诚来与客户广交朋友。"

几天前，一位外地建筑公司的老板有少量业务在分理处，通过柜面的交流，刘民与他交上了朋友。建筑公司的老板是泉州人，刚到北京人生地不熟的，刘民除了在业务工作上为他提供帮助外，还主动帮助他做了一些分外的力所能及的事情。在那位老板过生日的时候，他还专门订购了鲜花和蛋糕，这让这位身在外地的建筑老板十分感动。

一天早上，刘民见该老板匆匆忙忙地来到分理处，看起来心情很差，便主动询问是不是发生了什么事。老板说他的妻子生病住院了，来取点钱去医院。刘民马上帮他提取了现金，并说："我正好有朋友在医院工作，我陪你爱人去看病，有什么问题方便些。"

人心都有一块很容易被触动的柔软，从那以后，该老板把刘民当成了无话不谈的好朋友，把几百万的业务都放到了分理处。除此之外，他还给刘民介绍了很多商界的朋友。刘民通过与这些私人老板交朋友，客户一天比一天多了起来。当然，这些客户也都是他的朋友。分理处在刘民的带领下，业绩不仅回升，还超过了以前的最高业绩，为此，他得到了银行总部领导的一致好评。

"把握每一个帮助别人的机会"，著名金融业人士程耀辉一直秉持这个信念，不管来往的人的职位高低，他总是尽量帮助别人，所以大家总是知道："有事找 Roman 就对了。"幸运不是偶然的，这得益于我们帮助过的任何一个人。在日常生活中，一些人却很难友善地对待任何人。他们只对对自己有用的人感兴趣，而对另一些被自己视为无关的人很难友善。殊不知，我们可能已经在不知不觉地失去了得到贵人的机会。

爱默生说过："人生最美丽的补偿之一，就是人们真诚地帮助别人之后，同时也帮助了自己。伸出你的手去援助别人，而不是伸出你的脚去绊倒他们。"你如果帮助别人，那么别人就会帮助你，正如孟子说的："敬人者，人恒敬之；爱人者，人恒爱之。"所以，聪明的人总是善于把精力适时地投在身边需要帮助的朋友身上，得到他们的友谊。等到你需要帮助的时候就能获得朋友的帮助，而且他们给你的回报必定远远超过你的投入。

曾经有一对夫妻，生活十分困难，为了让自己过得好一点，他们将自己的房子挪出一半的空间开了一个小小的百货店。虽然他们家在马路边，可是因为店太小，货又少，因此生意总不见起色。老夫妻想了个办法，在店前竖了一块"免费供应茶水"的牌子，于是，从那以后，无论白天黑夜，老夫妻总是随叫随到，从不间断，只要有人需要茶水，他们总是热情招待。

刚开始，很多人都说这对夫妻有病，本来就赚不到什么钱，还尽做赔本生意。不过，他们的名声还是传了出去。经过这里的人都开始在那里歇脚，喝口水。有的顺便在那里买些东西，小店的生意居然渐渐好了起来。几年后，这对老夫妻的百货店已经拥有数十万资产了。

后来，他们的百货店越来越大，老夫妻决定在其他地方开连锁店，规模同样不大，不过他们免费供应茶水的习惯始终没有改变，甚至遇到需要帮助的路人，还会主动提供一些帮助。就这样，老夫妻的连锁店越开越多，而且令人疑惑的是，不管店开在哪里，周围的那些老百货店从来不会去找他们的麻烦，还会经常给他们介绍生意，因为老夫妻总是要求所有的店员尽可能地帮助别人，就算是同行业的竞争对手也是如此。因此，不管是竞争对手，还是客户，都把他们当朋友看待。

中国有句古话："小才不知有缘，不懂用缘；中才知有缘，但不善用缘；只有大才，知缘而且善用缘。"善于帮助别人，就能赢得好人缘，而赢得了好人缘，就会有财源。对一个身陷绝境的穷人来说，可能你付出一块铜板的帮助就会使他握着这块铜板干一番事业，开创自己的天下，而他回报给你的却可能是一块金子。

所以，在你力所能及的时候，不要吝啬给别人帮助。要知道，雪中送炭永远好过锦上添花，要想得到，必先施予。抓住每一个帮助别人的机会，尤其是雪中送炭的机会。当你对需要帮助的人施予援手的时候，你们就能结下一份深厚的友谊，对方也会将你铭刻在心。当然，凡是都有一个度，我们也不能过度帮助他人，否则给人以谄媚的印象就大为不妙了。

↙2
帮助那些眼下混得不如你的人

很多人总是带着"有色眼镜"去结交一个人，只愿意同那些比自己强的人做朋友，而看不起那些"小人物"。人的境遇是随时都可以改变的，也许今天街头的乞丐、门口的保安、街边收废品的人明天就成了决定你命运的关键人物。所以，即使你现在混得有声有色，也不要对那些混得不如你的朋友置之不理，如果你能在他们需要的时候及时给予帮助，一定会让他们感激不尽。

方岩，江苏徐州人，在二十几岁的时候和村里的人一起来到北京闯生活，一身朴素的衣服和一个大包裹成为了他来到北京所有的"财产"。

初到北京是在一九八几年的时候，他凭借自己吃苦耐劳的精神与品质，渐渐地混出了名堂。开始在建筑工地当工人，做了一段时间发现这个工作累不说还不赚钱，之后便辞掉工作，来到中关村做起了电脑组装的活，由于当时电脑是"紧俏"行业，并没有现在这么普及，几年下来小有成就，在乡亲们的眼里成为"红人"。

每次回到老家都有亲戚同学过来套近乎，都想跟着这位村子里的"红人"到北京狠赚一把，就这样，方岩中关村的店里全部是亲戚朋友，成为了名副其实"家族企业"。

一天，他正在和电脑配件供销商洽谈业务的时候，门前来了一位打扮十分寒酸，年龄与自己相仿的人，他仔细辨认发现是自己高中的同学苏明昌。方岩并没有因为两人身份的不同而减低他对老同学的热情，一如既往地招待老同学，此时苏明昌的心里有种说不出的滋味。

在方岩的家里，经过一番交谈得知老同学的窘状。方岩决定帮助同学渡过难关。

天有不测风云，因"经济风暴"的影响，方岩的生意无法经营，面临关门歇业。一天，一辆豪华轿车驶到他的门前，仔细辨认，发现就是当年他帮助过的老同学苏明昌，两人见面还是一如既往的亲热。原来苏明昌离开方岩之后，结实了很多生意场上的朋友，一点点地发展起来，并拥有了自己的产业。

就这样在苏明昌的帮助下，方岩的生意又慢慢有了起色并取得了比以往更好的成绩。

人生在世，我们所见到的某人现在的遭遇，极有可能就是你以后某个遭遇的一次提前彩排。所以任何时候，我们都不应该去轻视身边那些现在不如自己的人。毕竟"风水轮流转"，很有可能在下一个命运的十字路口，你与他人的角色就会调转。

也许每个人内心都会有一点趋炎附势，见到比自己混得好的人，不由自主地就表现热情，而对比你混得差的人，就容易心不在焉。其实，人的境遇是千变万化的。也许就恰好在那最为关键的时刻，正是这些被你轻视的"小人物"，反而成为了你的智星、福星、救星，能够帮你大忙，甚至改变你的命运！

在一家贸易公司里，罗泽鑫是一个有着出色业绩的业务员，一次罗泽鑫出去为公司办理业务，需要周转资金，在紧要关头却迟迟不见公司的汇票，为此使得业务活动"泡汤"，这件事令罗泽鑫很难堪。究其原因，实际上是一个出纳员给罗泽鑫穿了一次小鞋。因为，平时罗泽鑫对这个出纳不冷不热，根本没有把她放在眼里。

还有一次罗泽鑫在外办事，需要公司派人来协助，却不料，人还在路上就被撤回去了，原来一些资格比较老的人，觉得罗泽鑫很"狂妄"、"目中无人"，在工作上从不与资格比较老的人交流……所以想尽办法拖罗泽鑫的后腿，让罗泽鑫的工作无法展开。

尽管罗泽鑫工作业绩辉煌，但罗泽鑫忽视了人际关系的重要性。那些罗泽鑫不熟悉的、不放在眼里的小人物，在关键时刻坏了罗泽鑫的大事，阻碍了罗泽鑫在公司的发展和成功。在无可奈何的情况下，罗泽鑫只好伤心地离开了公司。

命运深不可测，即便有些人现在不如你，可是如果日后有一天他们发达了，可能还会反过来帮助你。没有谁的一生都能风调雨顺，也许你今日这小小的一次"善举"，会为你今后的人生道路奠定坚实的基础。所以，如果你想要赢得人心，获得对方的真心，那么就不要把你的帮助建立在人的等级之分上，帮助那些现在混得不如你的人，有一天你定会受益无穷。

↙3
雪中送炭比锦上添花更得人心

常言说得好，"情愿雪中送炭，不要锦上添花"，在朋友遇到困难，遭受痛苦的时候，如果你能及时伸出援手，就好比是在饥寒交迫的寒冬，给对方送去一车炭火，及时而又必需，会使受礼人终生难忘。但是如果朋友什么都不缺，你再送去，也体现不出"花"的价值，对方对你的感激也不会有多深。

比如，如果朋友的家里突然遇到不测，蒙受重大的经济打击，你及时去看望他们，顺便带点钱，带点吃的、穿的，这些东西虽然不是很贵重，但是我们常说"礼轻情义重"，重要的是你这份对朋友的心。再比如，你的朋友正在忙着找工作，你正好有适合的介绍给他；邻居病了，给他带去一些营养品，等等。只要是在别人需要的时候，以朋友的身份给予他们最大的帮助和支持，不仅会让朋友更加珍惜你们之间的这份友谊，还会让你的形象一下子变得高大起来。

卢启华和阮浩是单位里面的佼佼者，但平时两个人的关系只是在工作上应酬而已。由于两人勤奋努力，有传闻说单位要提拔他们两个做正科长，可是过了一段时间也没有动静，这个事情就被淡忘了。

卢启华的父亲因车祸而住院，卢启华心急如焚。由于卢启华父亲的手术可能要花很多钱，整天忙着跟朋友借钱。阮浩看在眼里，私底下找到卢启华，跟他说："我听说叔叔因为做手术的原因需要钱，我这里有三万块钱，你先拿去用，单位的事情你就不用担心了，如果需要早走的话就把工作交给我，我全都替你办了，安心陪叔叔吧。"

卢启华心里充满了感激，阮浩说："别跟我客气啦，谁没有个着急的事情啊，以后我有事情你也帮我啊。"卢启华说："你看平时咱们也没有什么交情，关键时刻还得有像你这样的朋友。单位的事情那我可就都拜托你啦。"随着卢启华父亲的病情一天天好转，卢启华的工作也是一天天步入正轨。正巧单位要卢启华写一个下半年的工作计划，并且暗示卢启华如果写得好，就安排他做局里的正科长。

就在这个时候，卢启华私下找到阮浩，对他说："上一次谢谢你帮我渡过难关，父亲抢救的及时才得以救治，所以说，这次正科长的位置，我不会与你竞争，刚刚局里叫我写这篇论文，我想还是交给你写吧，这样你就能提升了。"

阮浩听他这么说，左右推辞，此时卢启华说："在我危难的时候，你帮助了我。现在我帮你，理所当然。"这时两个人热泪盈眶，温情地抱在一起。

人们常说："患难见真情。"当我们落难时，身临困境时，这时候那些向我们伸出援手的朋友，相信每个人都会铭记一生。因此，要想投资感情，我们就要抓住那些在我们落难时向我们伸手的人。同样，在遇到别人遭遇困境时，一个看似微小的帮助却让人铭记在心里，它甚至能够改变我们的人生轨迹。

董星辉前几年做房地产生意很火，周围的朋友都一个个向他涌了过来。一时间，董星辉不是请客吃饭，就是节假日送礼。而董星辉多年的朋友彭鸿飞这时却显得不是那么热心，不知是因为董星辉的应酬多了无暇顾及彭鸿飞，还是彭鸿飞觉得曾经一起闯荡的朋友发了，心中不是滋味，反正俩人的关系变淡了。

但一场金融危机让董星辉彻底破产，这时他才发现，之前那些笑脸相迎的朋友一个个都人间蒸发了。缓和了一阵子，董星辉决定重新做些小本生意，可是手头上又拿不出这么多钱。这时彭鸿飞打来电话，问董星辉有什么打算，董星辉把自己的想法说了出来。没想到第二天，彭鸿飞就把十万元现金送到了董星辉家，董星辉既惊喜又感动。这下他才明白，真正的朋友就是在你最困难的时候，第一个站出来的人。董星辉永远记住了彭鸿飞的帮助，发誓一辈子都不会忘记他的情意。

一个人春风得意时，也许根本就不需要你的帮助，即使你帮了他，他可能记不住。但是当他陷于困境，你及时地伸出了援助之手，他一定会非常感激你，以后你必将得到他丰厚的回报。所以，高明的投资就是要雪中送炭，而不是锦上添花。俗话说，滴水之恩当涌泉相报，你的举手之劳，很可能会让对方永远都难以忘怀。

所以，为人处世要注意恰到好处，在别人有困难的时候，给别人以帮助，是最得人心的举动了。如果你能在别人最需要你帮助的时候出现在他面前，那么，你就成为了他的恩人了。什么时候你有了困难了，别人也会在重要的时候助你一臂之力。所以，我们在帮助别人的时候，要找准时机，在别人最需要的时候给予帮助，这样才能赢得别人回报的资本。这也是最高明的为人技巧。

4
以心换心，让别人从你的眼中读出真诚

俗话说得好："在家靠父母，在外靠朋友。"人如果没有自己的关系网，往往很难适应这个复杂的社会。那么，怎样才能顺利地搭建自己的关系网呢？最好的办法就是学会感情投资，以心换心，让别人从你的眼中读出真诚。感情投资就像储蓄，你存储的越多，分得的红利就会越多。很多社交达人之所以能把人际关系处理得恰到好处，关键就在于以心换心。

以心换心的精髓在于先"存储"，再"分红"。比如，多关心别人、多帮助别人，给别人留下热情友好、乐于助人的印象，让别人信任你、喜欢你，这样别人就愿意把你当成朋友对待。当你有困难时，别人也愿意帮你。这就是"欲取之，先予之"的道理。

以心换心在人际交往中非常重要，它决定了人际交往的亲密程度。如

果没有感情投资或缺乏感情投资，那么人与人之间就会渐渐变得冷漠。而有了感情投资，人与人之间就会建立一种比较亲密的关系，感情投入得越多，关系就越亲密，感情就越浓厚。

以心换心还决定了人际关系的信任度。一般来说，越是互相信任的人，关系就会越好，关系维护的时间就越长久。但是任何一个人都不会无缘无故地信任你，除非你经常对他进行感情投资。当你们之间有了感情联系之后，对方才会慢慢信任你，而且感情联系越多，对方会更加信任你。

国外有一句俗语："你若想获得一年的收成，就去种地吧；你若想获得十年的成就，就去培育感情和朋友吧！"这句话告诉我们，感情投资会产生丰厚的回报，一份深厚、牢固的感情，不会因为风吹雨打、沧海桑田的巨大变迁而褪色，相反，它会更加深厚，更加让人珍惜。

2005年，刘湘和老公来北京创业，经营笔庄生意。创业初期他们非常困难，有时候还吃方便面度日。虽然如此，但是她和老公的创业激情不减，经常出没在北京各个画廊、美术院校，只要有机会就推销他们的笔。正当她们四处碰壁，找不到出路时，改变他们命运的一个人出现了。

一天，刘湘在一个画廊里参观，看见一位老先生气度不凡，就礼貌地拿出一只上好的毛笔送给他，老先生感到很惊讶，之后就与他们攀谈起来。这次巧遇使这位老先生对刘湘夫妇的笔产生了浓厚的兴趣，从此他们以笔会友，结下了深厚的友谊。

为了让更多的人了解刘湘夫妇的笔，老先生决定帮他们开一个笔会，并为他们提供场地。这时候，刘湘夫妇才知道：这位老先生是某大学的美术老师，在画界颇有名气。通过举办笔会，刘湘认识了画界的更多朋友，生意逐渐红火了，她和丈夫欠了多年的债务也还清了，刘湘和丈夫的心情也轻松起来了。时间久了，通过老先生和顾客间的相互介绍，刘湘夫妇的笔庄生意在北京渐渐有了名气，生意越做越大。

刘湘用一支毛笔赢得了老先生的好感，顺利地搭建了人脉，之后在老先生的帮助下，一步步走向了成功。这就是以心换心带来的丰厚回报。

人情就像一张存折，你的人情存折中积蓄越多，你一生的财富就会越丰厚。人情是一粒种子，你把这粒种子种入别人的心田，你就会收获更多的朋友，你的社交会变得富有人情味，将来你将会收获成功的累累硕果。

值得注意的是，有些人对别人进行感情投资时，只有三分钟热度，而不是进行持久的、细水长流般的感情投资。这是感情投资的一大弊病。聪明人应该坚持以情动人，所谓"路遥知马力，日久见人心"，只有长期的感情投资，才能结出你想要的果实。毕竟，人与人之间的理解与信赖需要一个过程。尤其是你和陌生人之间，要讲究以心换心、以情动情。

其次，在社交中，不仅要对陌生人和关系一般的人进行感情投资，更要对朋友进行感情投资。生活中，有些人认为朋友之间关系好，没必要请客、送礼走关系，总认为反正关系好，不用那么客套。有了困难找朋友，平时却把朋友冷落到一边。结果时间久了，朋友关系慢慢淡了。

最后，感情投资不可临时抱佛脚。有些人平时不对别人进行感情投资，等到遇到困难时，才急着找人帮忙，又是说恭维的话，又是请客、送礼，甚至直接送钱贿赂。但这样往往无法取得理想的办事效果。

相反，如果你平时就对别人进行感情投资，遇到困难时，你开口求人，别人一般都会帮忙的。正所谓："吃人嘴短，拿人手短。"你对别人进行投资，别人才会帮你，这正是还你人情债的表现。

↙5
相似的经历更容易让对方产生知音感

仔细看一下我们身边最亲密的好朋友，你就会发现，你们不仅身处相同的环境，有着相同的嗜好，甚至毕业于同一个学校。相似的经历，相同的爱好等一切共同点正是你们能够成为朋友的主要因素之一。人与人之间相应的共同点越多越大，那么这样的朋友之间合作与共赢的机会也就越多，成为亲密知音的可能性也就越大；相反朋友间的分歧、差距越大那么大家分道扬镳的可能性也就越大。所以说，大千世界中，只有志趣相投的人才能够成为真正意义上的好朋友。

在密西根大学有一项研究，参与研究的人如果能与不认识的人交朋友，就可以免费住宿。

研究结束之后，结果表明，这些参与者接交到的朋友都是和自己最为相像的人。二十多岁的年轻人在社交场合完全可以利用这一点，来开拓自己的关系网络。比如，你可以通过打招呼开场，将对方的一些基本情况问清楚，从中获取信息；或者通过听对方的说话口音、言辞来了解对方情况等，以此发现对方特点，找到共同点。然后再进行进一步的沟通，相信你们很快就能成为好朋友。

心理学家卡尔·罗杰斯的调查结果显示，大部分吸烟、酗酒及吸食大麻的青少年们，他们的朋友也具有类似的行为习惯。所谓，物以类聚，人以群分。事实上，人际关系的一个最基本的原则就是相似性：彼此喜欢者也相互吸引。在我们的日常交际中，如果能够遇见和我们背景、兴趣和品位相像的人，我们一般都会主动和对方攀谈，而结果往往也是非常愉快的。

相信很多人都遇到过推销员推销产品，实际上，他们在多数情况下，也是利用相似性原则来赢得顾客的好感的。例如，在推销化妆品时，会对干性皮肤的顾客这么推销：我的肤质也是干性的，所以用了这个……我跟您一样也是……通过这么说，从共同点着手，会更加容易说服顾客。

所以，我们要想找到志趣相投的朋友，要想拥有圆满的人际关系，就必须找到你与对方的共同之处。如果没有的话，从现在就要开始制造。例如，对方喜欢服装设计，你就要去了解一些有关服装设计的知识，并且应该把它作为话题。我也跟您一样……这样说的话，会更进一步拉近和对方的距离。

大诗人歌德和席勒是一对令人羡慕的好朋友。虽然他们的出身有很大的差距，但是因为志趣相投，所以外界的任何因素也不能阻挡他们成为亲密无间的好友。

歌德于 1749 年 8 月生于法兰克福，从小聪慧过人，并且受过很好的教育，长大以后他非常关注当时德国的反封建战争，并于 1773 年发表剧本《葛兹·冯·伯里欣根》，表达了德国人民反抗暴政、渴望自由和统一的愿望。这个剧目上演后便引起巨大的轰动。第二年，歌德发表了的书信体小说《少年维特之烦恼》，不仅轰动了德国文坛，而且迅速被译成二十多种文字走向欧洲。

然而歌德在名声大噪的得意之时却发现了人群中默默无闻的席勒。当时席勒才 20 多岁，但是他却表现出了对德国反封建运动的热烈拥护，而且还阅读了大量的反封建文学作品，创作了不少优秀的反封建作品。正是这个共同的志趣，席勒引起了歌德的注意，之后他们因为反封建文学而走到了一起，并且成为知音，最后成为了德国狂飙突进运动的代表人物，被称为德国文坛上"双子星"。

歌德就努力凭借自己的地位和名声帮助席勒，他甚至把席勒接到自己家住，后来还帮他买了房。在平日里，也不忘资助接济他，有时连水果、木柴等一些日常用品，歌德都要亲自送到席勒的住处。后来，由于工作繁忙席勒得了肺结核，而且病情很快恶化，之后于 1805 年去世。席勒的死使歌德非常悲痛，他甚至感到失去了一半的自己，久久回不过神来。席勒死时，家境贫困，他的骨骸只能被安置在教堂的地下室。病中的歌德不清楚下葬的情形，他把亡友埋葬在自己的心里了。

试问如果不是与歌德志趣相投，对于当时名气很大的歌德怎么会注意到年纪轻轻、家境贫寒的席勒呢？如果不是志趣相投，歌德又怎么会不求回报地支持席勒的文学创作，甚至不惜把自己珍藏的创作资料拱手相让呢？就是因为有了共同的爱好和追求，才使得原本不相干的席勒和歌德走到了一起，并上演了一场生死不弃的伟大友谊。

人和人之间相似的地方其实有很多，只要你善于发现，善于去寻找共同的地方来打开你和陌生人之间的话题，就容易交到更多的好朋友。因为朋友之间志同道合，人与人之间能存在更多彼此吸引的地方，也正是这种吸引力的存在，朋友间的友谊也就会相应的变得紧密。在你遇到困难需要帮助时，朋友才会积极热情地向你伸出援助之手。

所以，在人际交往中，一定不要无视那些与我们志趣相投的朋友，要知道，这样的朋友对我们来说，是一笔宝贵的财富，他们随时会不计得失地帮助我们成就梦想。

⊾6
聊点长远的，让别人觉得你有长期交往的价值

生活中，似乎很多人都有一个习惯，在与别人聊天的时候，要么聊的是家长里短，要么聊的是无关紧要、东拉西扯的小事。这原本也无可厚非，但是如果我们要结交那些能够影响自己的朋友的话，应该聊一些有远见性的话题。我们要让人觉得有一点远见，有在考虑未来的事情，自己是一个可以有长期交往价值的人。让人感到你是有长远计划的人，才能增加人们与你建立鸡毛蒜皮以外关系的空间。

有人曾经说过："友谊之花，须经年累月培养；做人做事，不可急功近利。"如果想要你的友谊长远，想要你的人脉充足，那么就学会让自己与他人之间的话匣子更"深"一点吧，只有当对方觉得你是一个有长期交往价值的人时，那样才能让彼此之间的关系更加深厚。

在上个世纪的伦敦，有一个年轻男孩梦想成为一名作家。但是当时，他的处境不太顺利。男孩的父亲因为欠债累累，而正在坐牢。为了生活，他帮别人洗衣服、做零活以此生存。

男孩对自己的工作毫无兴趣，而且总是在深夜里偷偷溜出去寄稿子，因为他害怕被别人看见了会笑话自己。但是很快一篇又一篇文章都被退了

回来，看着这些被退的稿件，他并没有放弃，反而更加投入到文学创作发展之中。直到他的一篇文章被接受了：虽然没有报酬，但编辑夸奖了他，并且想找个机会和他面谈。男孩很高兴，但是又不知道该怎样才能在这次面谈中仅仅抓住对方的心思，从而为自己的梦想搭上一步梯子。

在面谈的那一天，男孩穿着很朴素，但是看上去却自信满满而且充满希望。编辑谈到男孩所写的那篇文章时，并没有对文章做出过多的说明，只是承认了男孩的价值，并且认为他很有写作的天赋。男孩的心情很激动，把自己的人生规划和写作方面的长远计划都说予了编辑听，而且还聊到了很多的内容。当然，不光是整个写作领域，而且还谈论到了自己当初的梦想，以及对整个写作行业的见地，针对目前的实际状况，表明了自己对于写作方面的一些认知，并且下定决心从此走上写作的道路。

编辑听完后，默默一笑，站起来非常友好地拍了拍男孩的肩膀，并且告诉他，自己私下非常希望能够结交他这个朋友，因为目前杂志社并不需要招聘人手。在以后的日子里，这名编辑经常与男孩联系，而且还在生活中默默地帮助男孩。由于编辑的介绍，男孩也成功的接触到了写作这个圈子，并且认识了当时文化行业里不少的作家。随后经过多年的学习与磨炼，他最终成了享誉欧洲文坛的女作家，而那个编辑也成了男孩一生感谢的人。

在上沟通课的时候，老师们最常说的一句话就是："怎么说要比说什么更重要。"一个人要想自己在人际交往的道路上一路顺风，那么就一定要学会用长远的目光来看待问题。尤其是当你所结交的对方是一个学识渊博之人，你也就更应该把谈论的话题拉的长远点。因为任何一个有目标、有追求的人，都会希望自己身边朋友的眼光也具备如此，这样才能让彼此在帮扶中不断地成长。

司马迁曾说："明者远见于未萌，而智者避免于无形。"一个没有任何追求价值的人绝对不会有一个很好的朋友。看来，不论处在什么样的环境中，有能力的人往往是有远见卓识的。与这样的人交往，不仅能让自己的能力得到提升和进步，还能够与他们建立良好的友谊，借助他们的关系让自己获得更多的益处。

生活中，稍微有志向的人都明白，一个人如果真正想要跨越到人生的顶层，那么在自己积攒的人脉圈中，必定要有一个有远见常识之人。这样，当感觉自己在某方面有所欠缺时，才能够在那些有远见的人身上学到更多的东西。

这就好比钓鱼，通常情况下，有耐心、有智慧的人，都会放长线钓大鱼，不温不火。当他们感觉大鱼上钩之后，绝不会着急将鱼拉上来，而是慢悠悠地将鱼提上来。因为他们明白，如果太过心急，不仅钓不到鱼，还有可能连渔竿也被折断。其实，聚集人脉也是如此，要想"钓大鱼"，就得让自己更有远见，只有让对方随时都看到一个博学多闻的你，那么你永远都会是最受欢迎的那一个。

所谓"人往高处走，水往低处流"，每个人都愿意和有志向、有能力的人交往，为此，我们一定要让自己变得有价值起来。只有当对方感觉到你是一个高瞻远瞩、有远大梦想和目标的人时，你才能真正走进对方的心中。而且也只有当你真正展露出自己的智慧以及更为深厚的渊博，才能为你的关系网吸引更多的"能人"。

↙7

人情银行的储蓄，存期越长，红利越多

生活中，很多人在交友办事的时候都抱着"无事不登三宝殿"的心理，当我们用得着别人时，就去一味的巴结奉承别人，但一旦利用完，就随手扔掉，那么这样的人不会得到什么朋友，当他们求人帮忙办事时，相信没有人愿意帮助他们。

在人际交往中，我们只有不断增加感情的储蓄，聚积信任度，才能够

保持和加强亲密互惠的关系。如果你在平时的交往中就奠定了你值得信任的基础，那么在遇到困难需要帮助的时候，一定会有人为你雪中送炭。建立相互信任、相互帮助的人际关系有什么诀窍呢？唯一的诀窍就是充实自己的人情账户，乐于助人，关心他人。相反，不肯增加储蓄而只想大笔支取的人是无人理会的。

高露是一家律师事务所的所长，她平时就十分注重人际关系的建立，不管是大人物还是小人物，她都会不惜花费时间来和这些人建立良好的关系。

一次，与她仅有一面之缘的一家公司的主管因为一桩车祸将人家撞伤了，他所有的积蓄都赔给了对方，而且赔偿是非常合理的，对方通过手术之后就没什么大碍了。但是因为对方亲属仍然觉得不满足，便找来律师要和他打官司。高露二话没说，就出面替他摆平了这件事，而且没收一分钱。

最后那名主管成了公司的总经理，于是便聘请她做了公司的法律顾问，而且待遇非常优厚。高露广泛建立人际关系的结果是人人都愿意帮助她，她也为此为事务所带来了很多的生意。

高露就是用在银行存钱的方式来充实自己的人情账户的。充实自己的人情账户，"先存再提"说来有些"现实"，有"利用"、"收买"的味道，但若从另一个角度来看，和别人建立良好的人际关系本来就有这样的好处，不能光用"现实"的眼光来看。而这些人际关系，必成为你一生中最珍贵的资产，在必要的时候，会对你产生莫大的效用。

人情就好比是我们银行里的存款，存的越多，存的越久，利息也就越可观。我们看到的那些成功人士基本上都是特别重视人际关系的日常经营和积累的，因为当他们将所有感情投资分类研究其回报率，结果发现，注意人脉的日常经营和维护，在所有投资中花费最少的，但回报率却是最高的。

所以，想要有一番作为的我们，不管在什么时候都要养成随时向"感情账户"注入"资金"的好习惯。这样的"感情账户"才能为我们的将来带来好处。

也许有人会问，究竟怎样做才能让自己的"感情账户"上的数字越来越多呢？其实只是举手之劳，轻而易举的事情。只需要我们在平时能够乐善好施成人之美，多帮助身边的人。比如，对于那些暂时穷困潦倒的人，也许不需要太多的钱，就能开辟一片新的江山；而与一个执迷不悟的浪子促膝交心的帮助，可能就会使他重新建立做人的尊严和自信，悬崖勒马，浪子回头；还有在平常的日子里给那些需要鼓励的人一个肯定的眼神、一句简单的赞美之词……如果你长期坚持下去，这些都会成为你"感情账户"里的"资金"，并且能够随时解你之急。

千万不要小看这小小的人情，如果你不往你的"感情账户"里投入"资金"，那么在你想要用的时候只能仰天长叹，孤立无援。人生中，每个人都会遇到需要帮忙的时候，与其到那时再悔恨当初，不如从现在开始积累你的"人情账户"，哪怕是每天一个小小的善举，也能成为你日后最得力的"助手"！

∠8
当别人对你说随便的时候，你切勿真的随便

现实生活中，人们都爱说"随便"二字。然而在很多场合，"随便"并不那么随便。随便，意味着轻松，就像一种精神"调节剂"，可以活跃现场的气氛，令人神经松弛，让大家都处于一个轻松愉快的氛围当中。这对于工作和生活都是非常有益的，因而言行松弛的人往往能得到人们的欢迎与喜爱。

从某种意义上讲，得体比随便更有利于社交。会开玩笑不等于擅长玩笑，玩笑话中有一点不能碰，那就是拿别人对你的信任开玩笑。因为别人

相信你，才会对你说实话、掏心窝，若你拿他开玩笑，那就是对对方的一种不尊重。

很多言谈自如、不拘小节的人，动机大多都是友好的，只是为了愉悦气氛，让大家开心。但若把握不好这个度，就会产生不良后果。所谓"说者无心，听者有意"，如果话说得太过，就会使对方觉得你没把他放心上，那就扭曲了玩笑本来的意义。

可见，"随便"也要懂得分寸，最好谨慎一些，不要拿敏感问题来说事。因为友谊是建立在互相信任的基础上的，而玩笑本就是一种消遣的东西，若你把别人对你的信任和玩笑结合在一起，在别人看来，这份信任在你心里不值一提。最后得罪人不说，还会失去朋友对你的信任。有些人就是因为开玩笑不注意分寸，所以人脉尽失，人缘极差。

琴琴和小文是同事，同样也是很要好的朋友。小文对琴琴非常信任，有什么话都跟琴琴说，包括几天前买彩票中了 5000 块钱的事，她都会跟小文讲。

在一次公司举办的年会中，琴琴为了活跃气氛，便心血来潮地拿起小文来"开涮"，开起了她的玩笑。只见她周旋在同事之间，一本正经地对周围的人说："你们知道吗？小文上次买彩票中了 50 万。"

结果当天晚上，小文家里的电话就被打爆了。一直响个不停，有人找她借钱、有人找她投资、有人要和她合伙做生意……不管小文怎么解释，说那只是琴琴开的一个玩笑，自己只中了 5000 元，哪有什么 50 万呐！可这些人就是不放过她，认为小文是不想借钱，有了钱就故意疏远他们。

刚开始小文只是无奈，哭笑不得。可是一连好几天，小文家的电话就像个"热线电话"一样响不停。就这样，小文原本平静的生活被大家闹得一团糟，忍无可忍的她终于和琴琴翻脸，一怒之下将琴琴告上了法庭。

法院经过审理，最终作出判决，琴琴不仅要向小文赔礼道歉，还要赔偿她的精神损失费。

这就是琴琴开玩笑太过分，导致的不良后果。

因此，"随便"一定要掌握好分寸，千万别将别人对你的信任当笑话来讲。不然既破坏了二人的关系，可能还会导致严重后果。其实开玩笑就在一个度，处理得好，大家的关系依旧亲密，处理得不好，就容易得罪人。谈笑打趣也有技巧，什么人能开，什么人不能开；什么事能说，什么事不能说。这都是有讲究的，有些禁忌不能碰。

正在办公室上班的小方突然接到朋友小田打来的一个电话，电话那头急促地说："小方你快到某某路上来，你儿子在回家路上不小心被车蹭伤了。"听到此话，小方吓出一身冷汗，急匆匆跑出办公室，来不及等电梯，便一口气从9楼跑了下来。

正跑到2楼时，小方的手机又响了，小田说："老兄，你现在到哪儿了？"

小方着急地说："我到2楼了，马上就打车过来。"

"你回去上班吧，不用来了。"

小方忙问："不去医院行吗？"

只见小田嘻嘻地回答："哈哈，不用了，今天是愚人节，拿你开开心而已！看把你吓的。"

小方立马火不打一处来，他从9楼一口气跑下来，累得衣服都湿透了，这都是小事，关键是自己这么相信他，小田竟然拿着他的信任开玩笑，这太让人恼火了。

朋友之间开个玩笑、相互取乐，本没有错，这也算是人生的一件快事。但因谈笑打趣使两人不欢而散，这样的事也时有发生，有的甚至因为几句玩笑话而伤了多年的感情。像小田这样的，仗着小方对他的信任，不会怀疑，而拿他儿子的人身安全开玩笑，这就有些"随便过头"了。

"随便"是一种放松，也是一种不必言明的约束。一般来说，在较为严肃的场合，不能随便开玩笑，言谈一定要庄重；在办公室开玩笑就要注意分寸，不要轻易和同事开玩笑。同事毕竟不同于好朋友，若是说错话得罪人，就很难挽回了。所以开玩笑时一定要看清场合，看场合是否可以开这种玩笑，场合合适了，再决定玩笑的分寸。

其次是态度，态度一定要轻松友善。开玩笑的本意是增进感情，相互友好交流，是善意的表现。如果只是借着开玩笑对他人进行人身攻击，发泄内心的不满，其他的人就会认为开玩笑者不尊重他人，从而不愿与其交往。

最后就是言谈的内容，不要涉及别人的隐私，越高雅越好。说话的内容，取决于说话者思想的高度与文化的修养。内容健康、格调高雅的玩笑，不仅让周围人得到精神的享受，同时也彰显了开玩笑者本身的内涵。如果玩笑内容尽是些污言秽语，不仅让周围的气氛变得污浊不堪，对听者也是一种不尊重。这只能证明开玩笑者水平不高，情趣低下。

因此，在特殊场合一定要注意分寸，少一些恶俗、刺激性的语言，多一些健康、风趣的幽默。掌握好"随便"的分寸，自然会受大家欢迎，也更容易让人接受。

第四章
DI SI ZHANG

别再局限于同学这个小圈子

自己走百步，不如贵人扶你走一步。所以，我们一定要多结交含金量高的朋友。其实在我们身边，早就聚集了一大批的人脉，比如亲戚、朋友、领导、同事、客户、老乡等。如果能利用好这些人脉资源，把他们的能量充分调动起来，以核心人脉为点，有的放矢，点线串联，很快就能织起一张人脉的天罗地网。

↙ *1*

你还没有成功，是你还没遇到贵人

在现实生活中，有些人很有才华和能力，却总得不到自己想要的，其重要原因是缺乏良好的人脉。"水能载舟，亦能覆舟。"一个人的财富梦想的实现来自丰富而有效的人脉，相反，一个人的痛苦和不幸，大部分是源于缺乏必要的人脉。

纵观那些有能力有才华的成功者，他们并非在一开始就取得了骄人的成绩，而是经历过种种磨难之后才最终胜利的，同时他们的成功都有一个共同点，那就是他们都曾接受过他人的提携。所以，要想获得成功，你必须找到能够在关键时刻拉你一把的人，借助他们的力量登上成功的巅峰。

福特汽车公司之所以能够发展成为闻名于世的汽车公司，也是因为该公司的老板得到了他人的帮助。最初，福特虽然在汽车界颇有名气，但是说到底，他也不过是一个精明强干的技工，在他的周围虽然有一伙才华横溢的朋友，而且大家的共同愿望就是在汽车业大展宏图，可是他们没有资金，只能给别的公司打工。

就在这种情况下，一位叫马尔科姆逊的煤炭商，以卓尔不群的眼光发现了汽车业的前景，同时也发现了福特，经过调查他决定为福特一伙人融资。

1903 年年初，得到马尔科姆逊的融资后，福特创办了福特——马尔科姆逊汽车公司。有了雄厚的资金和过硬的技术，福特的公司很快就开始盈利了。1904 年，福特汽车公司总共生产出了一千七百辆汽车。到了 1923 年，美国新汽车总量的 57% 都是出自福特汽车公司，也就是说全世界有一半的汽车都是由福特公司生产。

如果没有马尔科姆逊的资助，估计举世闻名的福特汽车公司或许就根本不存在了。所以说，一个人不仅要懂得自己奋斗努力，也要抽出时间来瞅瞅周围的朋友，你不仅要懂得朋友多了路好走，还要懂得有远见的朋友就是一盏指路明灯，它不仅能为你照亮前进的路，还能将你带向更加辉煌的道路。

"菲力·斯通橡胶轮胎公司"在美国已经声名远扬，此公司现在已成为美国最大的轮胎公司之一。但其创始人菲力·斯通创业之初却并不顺利。最初，菲力·斯通的资金不多，只能小规模经营，并于1903年8月成立了"燧石轮胎橡胶公司"。在这段惨淡经营的时间里，菲力·斯通找到一个好帮手，使他的事业得到快速的发展，这也可说是菲力·斯通一生中所遇到的第一个贵人。

这个人叫罗唐纳，他拥有一项专利，在轮胎上加上横钢条，让它和车轮内线密切结合，轮胎不会脱落。这项专利已经申请了好几年了，但没有人对这一设计有兴趣，再加上那时消息的传播不灵便，即使有想要的人也不一定知道。

罗唐纳曾与几家厂商接触过，他们都不愿意冒险试制，而他自己穷得连饭都快吃不上了，当然也无力自己设厂制造。眼看着如此好的发明无人欣赏，罗唐纳在气愤失望之余，发誓不再对任何人提起发明的事。

菲力·斯通来到亚克朗城，亚克朗城是美国橡胶汇集地，当时的罗唐纳已沦落到做工人的地步，由于他情绪太坏，下班后常喝得酩酊大醉，所以人们都叫他"醉罗汉"。菲力·斯通按酒吧老板提供给他的地址去找罗唐纳，但是并没有得到他的同意。经过再三的等待和劝说，菲力·斯通终于拿到了罗唐纳的那项专利，使企业取得了辉煌成功。

菲力·斯通的成功得助于罗唐纳。为了罗唐纳这个贵人，菲力·斯通苦等了一天才最终打动了罗唐纳的心。如果菲力·斯通不用些"心机"去感动对方，那彼此的合作就不可能成功。从某种角度上讲，罗唐纳也是具有"心机"的，他前后出来三次，三次都看见菲力·斯通在耐心等待，这才把自己的专利拿了出来。

不要总是抱怨自己时运不济，怀才不遇，满腔的理想得不到施展。实际上这些都不是最首要的理由，你之所以拥有了过人的能力还没有成功，关键是因为没有人拉你一把。想一想，你是否经常一个人埋头苦干？是否从来不去寻求他人的帮助？也不愿意走出门去结交一些对你有利的朋友？如果真是如此，你应该赶紧行动起来，放下孤傲和清高，主动靠近他人，建立起一张可靠的关系网，这样在你需要的时候，就会有人主动帮助你，想要成功也就不再那么困难了。

↙ *2*

人往高处走，水往低处流
——就是要"攀龙附凤"

自古以来，对富人的巴结，对成功者的讨好，对权贵者的逢迎，就是人性的通病。虽然说起来不怎么好听，做起来不怎么好看，但不可否认的是，攀龙附凤是我们在这个复杂的社会中生存下来、顺利地走向成功的重要途径。因此，无需抱怨什么，也没必要指责那些攀龙附凤的人，相反，在有些时候还必须学会攀龙附凤，这对自己是有好处的。

其实，攀龙附凤往好的方面说叫"借力"，借用别人的名气、智慧、权势、资源等等，来帮助自己实现理想。毕竟很多时候，个人的能力是有限的，善于借用别人的智慧是必需的。无论官场，还是职场，"攀龙附凤"都是必需的。下面这个故事就很有启发意义：

几年前，有位名叫布杜拉的土耳其人，他本来是个穷困潦倒的人，但是由于他善于攀龙附凤，不但有了许多名人朋友，还把自己变成了一个百万富翁。他到底是怎么做到的呢？

说来也很有趣，他把很多世界名人的照片放在自己的签名簿里，又模仿名人的笔记，把名字签在照片的下面，然后他拿着这个签名簿浪迹天涯，专门拜访工商巨子和知名富翁。

见到名人之后，布杜拉就说："我是你的仰慕者，我从千里之外的土耳其来拜访你，就是为了得到你的一张照片，放在这本世界名人录上，再请你签上大名，我们会给你加上简介，等它出版之后，我会给你寄一册过来。"

这些人都是有钱人，又喜欢摆阔，又爱面子，听到布杜拉这么说，他们觉得自己能跟世界名人排在一起，便感到风光无限，所以，他们会毫不犹豫地给布杜拉一些钱，多则几千美元，少则几十美元。因此，布杜拉除了得到名人的照片、语录和签名之外，还顺便获得了财富。把这些钱累积起来，布杜拉共计收入 500 万美元。

布杜拉是聪明的，他通过一本签名簿来向富人借力，在这个过程中，他不但抬高了自己的身价，还满足了富人的虚荣，同时又获得了自己想要的财富。由此可见，聪明的攀龙附凤并非低声下气的祈求，相反，它是一种艺术，是一门学问，是可遇不可求的赚钱方式。

对于涉世不深的年轻人来说，学会攀龙附凤显得尤为重要。很多时候，他们宁愿受苦受累，也不愿意多说一句好话，迎风拍马，到头来，累死累活，却过得不如意。何苦这样呢？所以，如果你想出人头地，就一定要学会势利一点，世俗一点，这样才能突破人脉的局限，扩大自己的交际圈。那么，怎样攀龙附凤呢？

第一，了解别人的关系网，做好外围的工作。

任何一个人都有自己的关系网，如果你想和某个人攀关系，就必须先了解他的关系网，做好外围的工作，比如，他的身世、他的社会关系（同乡关系、亲属关系、朋友关系、职场关系等）、职业、个性特点等。掌握了这些信息以后，鉴于你与这个人没打什么交道，你可以采取"曲线救国"的策略，让熟悉那个人的朋友把他带出来，比如出来吃饭、KTV、开Part 等，于是你就有机会和他打交道，从而和他建立联系。

第二，采用委婉自然的方式，牵动旧情。

与你想结交的人打交道时，拉关系是必需的，但是拉关系不能生拉硬扯，这样很容易引起对方的反感和鄙视。拉拢关系时，应该给人一种"不经意提起，却一语中的"的感觉，牵动对方的旧情，甚至让他在旧情中沉醉。如果你能把关系拉到这个份上，还愁和对方成不了朋友吗？

第三，讲究场合，到什么山上唱什么歌。

攀关系要注意场合，在众目睽睽之下，不便与别人攀关系。因为在这种场合，谁愿意公开自己的身世和社会关系呢？相反，你还会给别人留下一种多事、多情、巴结人家的丑恶嘴脸。所以，要想和别人攀关系，不妨在私下拉家常、唠闲嗑的时候，或在酒桌上小酌两杯，在茶余饭后散步的时候，在这些类似的场合里，攀关系最容易打动人家的心。

第四，讲究攀关系的方法和艺术，见什么人说什么话。

攀关系要注意方法和艺术，必须学会见什么人说什么话。只有懂得这一点，才会通过投其所好赢得别人的好感。比如，你想和某公司的一位高层领导攀关系，假如他是一位特别顾家的男人，你和他攀关系的时候，不妨多聊聊家常；假如他是一位篮球爱好者，你不妨和他从聊篮球开始；再者，由于他是公司的高层管理者，对行业内的信息特别重视，因此，如果你发现他的竞争对手有什么风吹草动，你可以把这个信息转告给他，不知不觉成为他的情报人员，赢得他的好感。由此可见，要想和别人攀关系，就要善于捕捉对方的心理需求和兴趣爱好，学会投其所好。

↙ *3*
你和世界上的任何一个人之间只隔着 4 个人

如果我告诉你，"你和总统之间只隔着 4 个人"，你会感到吃惊吗？不需要吃惊，这是事实。就算你不认识总统，你的朋友，你的朋友的朋友，总有一个人能够和总统扯上关系。可是大多数人或许会说，别说找总统了，就是找厂长、经理，都摸不着门儿。

平时朋友一大堆，可真到用时，却连一个帮得上忙的人都找不出来。真是人到用时方恨少！这是因为你交的朋友虽多，但由朋友搭建起来的关系网却不大。你最好能找到这样一种朋友，他是交际达人，不管走到哪里，他都能找到需要的朋友。概括地说，他就是那种背后社会关系总量大的人。

你如果能交到这样一个朋友，那就等于说把他的关系网也纳入了你的关系网中。你和这个人走得越近，或者说你和他的关系越近，对你就越有利。因为他的网就等于是你的网，你交一个朋友，就等于交了十个、百个朋友。

你会说，这个道理谁都明白，那么我要怎样才能找到这样的人物，和他做朋友呢？

（1）结交有身份、有地位的人

小连有一次在公园里看到一位看起来很有身份的老人在打球，老人健朗的风度深深吸引了小连。小连就主动上去攀谈，和老人一起打球。闲聊中得知，老人是一名部队离休的老干部。老人玩得十分开心，约小连明天还来一起打球。

交往了一段时间后，小连在闲谈中向老人道出了自己想开个小店，却苦于自己一个外地打工者，一无资金，二无人脉。老人觉得小连这个年轻人踏实肯干，很愿意帮助他，就把自己的几个老战友介绍给了小连，而这几个老战友原本都身居高位，人脉资源丰富，随便说上一句话，就解决了小连的资金和开店相关的手续问题。

有地位的人背后都有很广的人脉网，你可以不失时机地利用一下他们，牵引出他背后的人脉，认识更多、更为厉害的角色。

（2）结交三教九流的人

有一种被称为在社会上"混"的人，他们品格可能不高，能力也不是很强，但三教九流的人都认识一些。适当认识一些这样的人，也是必要的。如果你认识的都是同一类型的人，在你的业务领域内还行得通，一旦遇到其他事情，就可能没有一个朋友能帮得上忙。

（3）和朋友公平交换人脉资源

你可能只有一种人脉，但如果你能把你的关系介绍给另一个朋友，作为回报，这个朋友可能会把自己的人脉也介绍给你。这样一来二去，最后你会发现，在你的周围，已经结起了一个严密的关系网。英雄结交的永远是英雄。如果你想与那些社会资源多的人交往，就请先丰富自己的资源。你拥有的资源越多，他们就越喜欢和你交往。

↙4
不怕拒绝，主动示好——拓展圈子的不二法门

美国人力资源管理协会曾经与《华尔街日报》共同进行了一项调查，该调查主要是针对人力资源主管与求职者进行的。调查显示，95%的人力资源主管或求职者通过人脉找到了合适的人才或工作，而且有61%的人力资源主管和78%的求职者认为，这种寻找人才或寻找工作的方式是最有效的。

国内知名招聘网站"前程无忧"，将熟人介绍列为找工作的第二大法宝。由此可见，人脉有多么重要。因此，如果你想积累人脉，以便在关键时刻能获得别人的帮助，就必须主动出击。

蔡敏大学毕业后，并没有急于找工作。当同学们为找工作忙得焦头烂额的时候，她显得非常冷静，她清楚地知道自己要做什么，也深知结交人脉的重要性。于是，他通过多方了解，把目标定位在一家大型企业上，然后给这家企业的总经理写了几封自荐信，并且深入剖析了该企业将要进军国外市场的发展前景和利弊，展现了自己的能力，表明了自己的决心。结果，那家企业的总经理看到他的自荐信后，非常满意地说了一句："这个人我要了。"就这样，蔡敏顺利进入了该企业。

聪明人一定要善于拓展自己的人脉圈，让有影响力的大人物喜欢自己，

这样你才能成为他的圈内人。在对方的影响下，你定然能获得一种自发向上的动力。就像干涸的稻田遇到了雨天，它会拼命地吸收水分，拼命拔高。

说到拓展自己的人脉圈，老实人可能又犯难了，怎么才能把自己的人脉圈拓展开来呢？这里介绍几种拓展人脉的方式。

方式1：参加社团、相关课程培训班

如果你想认识更多的人，社团、相关课程培训班等团队性强的地方是你的首选。这些活动把大家聚集起来，你参加这类活动一方面是为了参加具体的活动，学习具体的课程知识，另一方面你可以与更多的、来自不同行业、不同身份的人打交道。说不定其中就有你的贵人。

为了更好地拓展人脉，你在参加某个社团组织时，最好能谋到一个组织者的角色，例如理事长、会长、秘书长等等，这样你就有一个服务他人的机会。在为别人服务的过程中，你和别人的联系就会增多，交流也会更频繁，这样便于你更深入地了解别人。不知不觉中，你的人脉之路就拓展开了。

方式2：有效发挥博客、聊天群的功能

有人说，这种拓展人脉的方式是最廉价的。其实，这种方式最适合性格内向的人，因为它"足不出户"（并非真的足不出户，只是说比其他结交人脉的方式少很多实际的接触），就可以结交朋友，拓展人脉。很多人下班之后，喜欢上网聊天，写自己的博客，把自己的工作体会、生活感想写出来。一来二往，就能吸引志趣相投的朋友。

张英是一家中型企业的销售员，她喜欢在闲暇的时候上网写博客。有一次，她无意中发现了一篇精彩的文章。读完之后，她发表了自己的读后感，言语之中表达了对这篇文章的肯定和赞美。就这样，一来二往的，她和那篇博客的作者建立了很好的"文缘"。四个月后，他们相约见面，相谈甚欢。当对方邀请张英去他公司工作时，张英才意识到对方的背景不简单。原来，他是一家大型企业的老板。后来，张英成了这家大型企业的营销部副总经理。

在网络上，人与人之间的交往虽然不像现实中面对面那样生动。但是由于网络上人与人的交流不那么设防，彼此可以大胆地谈论自己的价值观、兴趣爱好、处事方式等，可以比较透彻地了解对方。因此，不妨借用网络这个交友工具——但是要注意的是，不要轻易与网友见面，而且在与网友见面时要提高警惕，要有自我保护的意识，以防备网友心怀不轨，对你有所企图。

另外，在拓展人脉的过程中，要注意一些实战性的技巧：

技巧1：打通"关键人物"身边的人

交往必须从了解开始，怎样了解你想了解的人呢？你可以先从他身边的人开始了解。要知道，再大的人物也是普通人，也有社会关系，有各种各样的业务，有五花八门的喜好。有了初步的了解后，你再想办法取得对方家人的信任，例如，他的夫人、父母、孩子等人的信任。这样你成功结交对方的可能性就大增了。

技巧2：碰面之后要懂得寒暄，懂得赞美。

当你初次与想要结交的人见面时，一定要学会寒暄，学会赞美对方。没有人不喜欢被人赞美，但是赞美要有度，要让别人看不出是刻意的赞美，这样别人才会更好地接受你，对你产生好感。否则，对方一见你就知道你是有目的的，那样对方就可能对你产生不好的印象，不愿意和你打交道。

技巧3：适当地展示自己的能力

当你想和某个人结交时，如果他是个"大人物"，那么你可以适当在他面前"露两手"。因为大人物一般都爱才、惜才，如果你的能力得到了他的认可，那么你就很容易赢得对方的好感，继而得到对方的重用和帮助。

↙ 5
善于制造与贵人"相见恨晚"的机会

生活中，往往第一次见面就聊得很投机的人都会有一种相见恨晚的感觉，但是并非人人如此。人与人在相处的过程中，都有一定的防范意识，尤其是初次见面的陌生人，要想在第一次谈话之后就给人留下深刻的印象，并让对方时刻想与自己见面聊天，我们就必须掌握一些让对方感到相见恨晚的读心术。只要能够让与你交谈过的人都将你记挂在心上，又何愁没有好人缘呢？我们究竟该如何做，才能让对方将我们铭刻在心，并有一种时时想见我们的冲动呢？

第一，找到对方感兴趣的话题，带动谈话气氛。

总是谈一些对别人有用、有帮助的内容，让对方感到只要与你交谈，就一定会受益。抓住对方感兴趣的话题，并且从彼此共同的爱好开始谈起，那么就一定能够给对方留下深刻的印象。而且这种话题也会让别人感到精神奕奕，这样一来你们之间的距离也就拉近了。

但是如若你选择的话题，和对方所想要了解的不同，而且对方也不大了解，或者根本不感兴趣，那么就会导致交流不畅。就像美国前总统罗斯福博闻强记，和别人交谈的时候，总会找到让别人感兴趣的话题，从而使交谈氛围热烈。他怎么能做到这点呢？答案并不复杂。如果他要接待某个人，就会提前翻阅这个人的有关材料，研究对方最感兴趣的问题。可见寻找到一个让别人感兴趣的话题是多么的重要。

威廉·菲尔普斯在 8 岁的时候，有一次到姨妈家度周末。有位中年男人前来拜访，他跟姨妈聊过之后，就和菲尔普斯谈起来。那时的菲尔普斯非常喜欢帆船，刚好那位中年男人对帆船也很感兴趣。他们俩的谈话一直就以帆船为中心，两人很快成了好朋友。

客人走后，菲尔普斯将他对中年男人的喜欢在姨妈面前表露无遗，他说没想到能碰到和他一样如此喜欢帆船的朋友。但姨妈却告诉他说，那个男人其实对帆船一点也不感兴趣，那是一位律师。菲尔普斯不解地问，那他为什么一直都在谈帆船呢？姨妈对他说，因为他是一名君子，而菲尔普斯对帆船感兴趣，他就谈一些使菲尔普斯高兴的事。姨妈的话和中年男子的做法深深影响着菲尔普斯，直到他长大之后参加了工作，也经常向别人说起那位律师充满魅力的行为。

第二，与对方分享一点无关紧要的秘密，满足对方的好奇心。

心理学告诉人们，当人们发现著名的人物也有许多隐私时，不知不觉中，原来的那种挑战或者敬畏的情绪，都会得到缓解甚至消失，以致产生对方非常容易亲近的感觉。因为通常情况下，隐私都被看成是不愿为他人知晓的秘密，有种神圣不可侵犯的味道，如果一不小心自己的秘密被人知道了，可能会极度的伤心与难过。但是，反过来想一下，既然是一个不想让任何人知道的秘密，如果把自己的隐私告诉了另一个人，也就意味着自己非常信任对方。

第三，将对方擅长的事引为主题，吸引对方的注意。

如果你善于从他人最擅长的话题开始谈起，那么对方就一定会感到开心，而且氛围也会随之变得轻松起来。当然，也可能有时候对方了解的东西和常识比你多，所以除了迎合对方的话题之外，你还必须用心学习，不断成长，追求进步。

如此时间一长，你不仅给别人留下积极向上的阳光形象，还会让人更加留意到你的一举一动。因为你的每次出现，都能给对方带来更多有趣的话题，而且还是围绕对方所喜爱的事情而谈论，对方必然会把你记在心上。

第四，满足对方的"虚荣心"。

每一个人都有自认为值得炫耀的事情，而这件最值得炫耀的事情往往就是需要得到别人肯定、赞美、夸奖的。事情的本身究竟有多大价值，是另一问题，但在其本人看来，却认为是一件值得终身纪念的事。与人打交道我们要懂得，如果能预先打听清楚这样的事情，在有意无意之间，顺着对方的心思说出他的得意之事，满足一下他的虚荣心，对方肯定就会对我们好感大增，必定会成为我们的好朋友。

第五，建立守信用的形象，让你在他人的心中留有一个好印象。

如果一个人想要赢得另一个人的好感，守信最为重要。如果你真的是一个诚实守信之人，那么对方不管在哪里都一定会记得你。

其实，人与人之间的相处是非常微妙的，如果你能够抓住对方心中所想的，而且能够从某个点上正好让对方给予你非常高的肯定，那么你必然就会在对方心中刻下深深的烙印。所以，人际交往也是要讲究一定的艺术的，当你真正被他人重视的时候，你们之间的关系也会更上一层楼，而有了这些牢不可破的关系，你的成功之路也会变得平坦一些。

↙6
将有影响力的大人物变成你的"圈里人"

这是一个圈子的时代，圈外的人想进去，圈内的人却不想出来。我们千万不要小看圈子的力量，有时候认识一些圈内的大人物不仅可以弥补我们个人在社会关系中的不足，而且可以帮助我们以最快的速度来拓展人脉。

在为人处世中，我们不要局限于身边的一些人，这样很难有大的发展。年轻人想要成就一番事业，人脉圈中就不能缺少有影响力的大人物。让这些大人物变成自己的"圈里人"，可比自己单打独斗而取得成功要容易多了。

俗话说："人往高处走，水往低处流。"如果你不甘于平庸的生活，就必须学会结交一些我们平常仰视的大人物，不要觉得这是种虚伪，这其实就是你以后人生之路的直升梯。尽可能多结交一些成功人士和社会名流，也能够使自己时刻保持一种前进的动力，向着更好更宽阔的道路奋进。

一旦结识了这样的一个"大人物"，并和他相处得不错，那么他的那些"含金量高"的朋友，也容易变成你的朋友，他的关系总量，自然也可以成为你的关系总量。从这个角度来看，这种人是人脉圈中最有价值的。

董杰刚刚大学毕业，和许多同学一样，他来到了一线城市奋斗。年幼的他跟许多出入社会的年轻人一样，满心梦想却又不知道从何下手。但是和其他年轻人不一样的是，他总在找机会认识一些对自己有帮助的人。在一次偶然的情况下，他发现自己租的房子是李太太的，而李太太的老公是某银行的副总裁。加上李太太和董杰是老乡，一来二去，他们就熟识了。

　　二人都是健谈的人，谈论的话题也比较随意，从人生到事业，还谈到生活中的各种无奈。随着他们逐渐深入地交谈，董杰渐渐获得了李太太的欣赏和信任。董杰见时机到了，便和李太太说了自己的理想。通过李太太的推荐和美言，李先生很快就接纳了董杰，加上董杰的聪明和乖巧，李先生对董杰也很是喜爱和欣赏。之后，听到董杰说到自己对未来事业的期许和打算，但是创业资金又极其难筹备的时候，李先生便毫不犹豫地为他筹集了大笔资金，使他的创业如鱼得水，一举成功。而此时，他的那些同学还在职场上痛苦地挣扎着。

　　董杰本只是一个初入社会的小青年，正是通过结交了李太太，而认识了自己的"大贵人"李先生，从而跨入成功者行列。这看似是一种巧合，却是董杰通过自己的交际所得。一个聪明的年轻人，一定要懂得去结交那些极具影响力的人物。

　　俗话说：近朱者赤，近墨者黑。当他和你成为自己人后，在他的影响和帮助下，你自然也会产生一种向上的动力。一个个头矮小的人，只有站在巨人的肩膀上，才能和巨人看得一样远。所以，做事成功最有效的捷径就是借助"巨人"的力量，这对自己的事业无疑是如虎添翼。

　　可见，一个人可以一无所有，但一定要有良好的人脉，人脉就是一笔无形的资产，是我们手中握有的最宝贵的财富。因此，在交朋友时，要善于考虑并选择比自己更优秀的人物，这种意识可以使你离成功更近一步。

　　但现在大多数圈子都是以人群分，小人物与大人物更多的时候只是两条互不打扰的平行线。所以想要结交大人物，还得看你交际能力的强弱，才能让自己在仕途上更加顺风顺水。若高攀不上，便只能在自己的小圈子徘徊，难以有大的作为。

　　但是，我们怎样才能让这些有头有脸、地位显赫的人物喜欢自己呢？又该怎样去结交他们，使他们成为我们的"圈里人"呢？

　　（1）对他们先要充分地了解

　　俗话说：知己知彼，才能百战不殆。不管是对小人物还是大人物，与人交往都必须从"了解"开始，这一点是我们需要遵循的。

说到底，"大人物"也都是普通人，他们的性格特征和喜好，以及各种社会关系，我们都可以从别人口中打听到。也可以多关注媒体，以此来了解一些地位显赫人物的情况。这只是对他们基本的爱好和兴趣有一个最基础的了解，而不是探人隐私。

（2）谈话内容很重要

假如是初次与"大人物"见面，谈话的好坏与否，将是决定我们能不能引起"大人物"兴趣的关键。

在与他们交谈时，最好不要谈自己的事情，要把你谈话时间的99%，都用在询问大人物的事情上，这就是打开大人物心门的第一把钥匙。如果是第一次与大人物交谈，只需要给他留下一个好印象就可以。只要他对你有这种感觉，他的影响力也就开始跟你有关系了。

（3）适当展示自己的能力

社会名流往往都有这样的一个特点，就是他们一般都受过良好的教育，具备良好的素养。而且大人物往往对社会交际的需求更大，所以他们会辨识对自己有益的社交人群。一般来说，"大人物"都比较爱才、惜才，如果你能瞅准机会适当地表现自己，让他看到你的独特之处，领略到你与众不同的才华，而非一味赞同，刻意讨好他，那么你也就成功了一半。

因此，想引起"大人物"的注意，所以只要你本身能力足够，值得人深交，那么只要掌握一些技巧，将有影响力的大人物变成自己的"圈里人"也是很容易的。

↙7
结交"大人物"的四个注意事项

与大人物攀交情虽然好处多多，但要注意的问题也有很多，以下四点就是你必须要注意的。

（1）要了解和掌握大人物的身世和关系网

大人物人情关系网都比较广。这个"网"的形成与他的身世和人生经历有直接的关系。要想与他攀附关系，最好先了解他的同乡关系、亲属关系、朋友关系、同学关系、上下级关系，等等。掌握了这些关系后，你可以通过和大人物的关系网中的人扯上关系。一旦有必要，你可以动用他的关系网，使大人物帮上你的忙。

（2）和大人物攀关系时要委婉自然

与大人物攀附关系不应生拉硬套，本来没有亲戚关系，偏偏七拐八绕，硬说有亲戚关系；或者本来与他的某位朋友无甚关联，偏偏鼓吹自己与人家情深义重，如此这般，很容易引起大人物的厌恶和鄙视。

小李有一次见到一个大作家，他很喜欢这个作家的作品，很想抓住这个机会和大作家聊一聊。但小李自知自己只是一个文学爱好者，资质平平，跟大作家实在攀不上关系，一味地夸赞对方，又有拍马屁之嫌。这时候，小李突然想起一个素未谋面的文友曾经讲过他们之间的交情。

于是，小李不经意地说，某一天，某某说起你，记得那天，他突然说道："几年前，同一位朋友在这里聊过，至今还记得那情形。"大作家眼睛一亮。小李本来就是想和大作家聊聊天，其实也没有什么目的，没想到一句话，两个人居然成了朋友。大作家见小李醉心于文学，就帮他介绍到了一家杂志社工作。

与大人物拉关系，要循循善诱、顺理成章、委婉自然，让他感受到虽是不经意地提起，却一语中的，牵动着他的旧情，甚至让他陷于对旧情旧事的沉醉中。如果能把与大人物的关系攀附到这份儿上，那么还何愁他对你托办的事情袖手旁观呢？

（3）要讲究场合

众目睽睽之下是不便与大人物攀附关系的。因为绝大多数上级是不情愿公开自己的身世和社会关系的。非但如此，大人物本人还会顾忌你，而旁观者更认为你是在有意巴结他。所以，在公开场合攀附关系不但对大人物有碍，也对自己有失。

　　与大人物拉关系最好是在背后与他扯家常、唠闲嗑的时候，或者在酒桌上小酌、在茶余饭后散步的时候，或者在他情绪好而且还具有拉关系的由头的时候，在类似这样的时间和场合里与大人物套关系最容易切中他的心意，最容易令其买账……

　　（4）要用一些手段

　　作为居高临下的大人物，常会遇到溜须拍马、曲意逢迎的人，这些人也在积极寻找巴结大人物的机会，因而与大人物攀附关系也存在着一种畸形的竞争关系。

　　那么，怎样在这种不可告人的竞争中取胜呢？有经验的人都知道，必要时可以使用一些手段，因为任何一位大人物都自觉或不自觉地处在错综复杂的社会矛盾中，这矛盾有的是对他有利的，有的是对他有害的；有的是他自己一目了然的，有的是他无从觉察的，那么，你为了攀附于他，就应该认真关注这些矛盾和风吹草动，一旦有什么特殊情况或特殊机遇，便可通过委婉干预的手段随即成为大人物的心腹之人，还何愁他不会提携你呢？

　　所以，只要在攀附关系上下了工夫，就一定能在大人物那里收获一些感情，凭借这种攀附出来的感情把自己的事情办成，也不失为一种追求成功的方法。

↙8

找到自己擅长的领域，建立人际关系金字塔

　　比尔·盖茨哈佛还未读完，就去创业了，数年之后，他成了世界首富。谁也没有在意他只有高中文凭；约翰·梅杰，在47岁时成为英国首相，成为举世瞩目的人物。然而，他在学生时代，并没有过人之处；摩西奶奶在75岁之前，还是农场里默默无闻的农妇，但是晚年却成了闻名全球

的风俗画画家……

为什么这些人能有非凡的成就呢？用比尔·盖茨的话说，就是："我之所以能够取得今天的成就，与我从小就喜欢电脑是分不开的。回想起来，我不过是选择了自己喜欢的事，爱做的事。"做自己喜欢的事，做自己擅长的事，并努力在这个行业内寻找可以帮你成功的人，建立牢固的人脉金字塔，这就是成功的秘诀。

俗话说："金无足赤，人无完人。"谁也不是完美的，也不需要完美，只要发现自己的优势，努力做自己擅长的事情，就可以找到自己的人生意义。

丹丹从国内某知名院校毕业，进入一家国有大型企业担任一名工程师。工作两年后，丹丹发现自己与工作格格不入，因为她的性格外向，喜欢与人交往，而作为一名工程师，需要在安静的环境中做设计。

显然，丹丹的性格不适合做工程师，再继续工作下去，只会在错误的道路上越走越远，根本找不到成就感。认识到这一点之后，丹丹决定放弃工程师的工作。朋友们都说丹丹脑子有问题，竟然放弃了一份安定的、高收入的工作。单位领导也挽留她，但是她不为所动。

后来，丹丹在一家电视制片公司找了一份工作。在这里，她活泼热情的性格很受人欢迎，她赢得了非常好的人际关系，找到了如鱼得水的感觉。凭借出色的活动组织能力，丹丹在三年的时间里，成了业内知名的电视制片人，并拥有了自己的一份事业。

做自己擅长的事情，才能如鱼得水，尽情地把自己的价值发挥到最大化。当然，要想在自己擅长的领域获得成功，还离不开强有力的人脉。丹丹的成功就说明了这个道理。

任何人想成功，都必须建立自己的人际关系金字塔。这个金字塔的第一层是真朋友，数量最少，也最珍贵。对一般人来讲，这种朋友不超过 10 个；金字塔的第二层是伙伴型朋友，即和你谈得来，有相同或类似的兴趣爱好的人，他们属于交往但不"交心"的范畴；金字塔的第三层是合作性朋友，也许你们性格差异很大，但是在某些事情上，你们的合作可以发挥

"1＋1＞2"的作用；金字塔的第四层是功能性朋友，也就是所谓的"假朋友"，表面上你们称兄道妹，实际上是为了利益。

也许你不承认，在现实中，对你帮助最大的可能正是这些"假朋友"。这里所谓的帮助，指的是相互的，你们彼此为了达到自己的目的，互相利用对方。比如，你和同行的某个朋友合作，然后各取所需，这种合作是非常有必要的。

在这里，务必要明白一点：同行不是冤家，而是朋友，要学会和同行搞好关系。虽然同行看似和你存在竞争关系，但是这种竞争不是坏事，相反，它能激发你潜在的动力，让你在自己擅长的领域获得更长足的发展。从这个角度来说，你应该对同行怀有感激，甚至对你的敌人怀有敬意。

有个年轻人第一次参加马拉松比赛，就获得了冠军，并且打破了保存已久的世界纪录。当记者们围住他，问他为什么能取得这么好的成绩时，他给出的答案是："因为我身后有一只狼。"

原来，3年前，这个年轻人在崇山峻岭之间训练长跑，每天凌晨两三点起来跑步。虽然他尽力了，但是成绩却平平。一天清晨，他在训练的时候，听见身后有狼的叫声。开始是零星的叫声，似乎很遥远，但渐渐的，狼叫就在身后。

为了逃命，他拼命地奔跑。那天，他取得了非常好的成绩。从那以后，他每天训练的时候，都会想象着自己身后有匹狼，所以成绩突飞猛进。

这个故事非常耐人寻味。在如今竞争激烈的社会丛林中，你是否听见周围有"狼嚎"呢？或许，每个人的内心都应该装着一只"狼"。这样才能鞭策自己奋勇向前，在自己喜欢的领域成长，在自己擅长的领域成功。

其实，这只"狼"就是你的竞争对手，就是你的同行们。你应该感激他们，而不是憎恨他们。必要的时候，你甚至要和他们合作，共创人生大业。因为你们彼此有互相利用的价值。可以说，他们是你不可缺少的人脉，所以千万不要将他们忽视了。

第五章
DI WU ZHANG

增加人脉就像滚雪球——神奇的
"人脉倍增效应"让你贵人遍天下

很多人在童年时都玩过滚雪球的游戏，一个小小的雪团，滚上一圈，雪球上就会沾上一些小雪花，不停地滚下去，这个雪球就会越来越大……投资大师巴菲特说："人生就像滚雪球，最重要的是发现很湿的雪和很长的坡。"所谓很湿的雪，就是黏合人脉的技巧和方法，所谓很长的坡，则是指拓展人脉的途径和范围。只要你用对了方法，找对了路径，你的人脉圈就会像雪球那样越滚越大。

1
经营人脉就像滚雪球

很多人在童年时都玩过滚雪球的游戏，一个小小的雪团，滚上一圈，雪球上就会沾上一些小雪花，不停地滚下去，这个雪球就会越来越大……用不了多长时间，它就会超过你的手掌，变成一个大圆球，如果你继续滚下去，从街的这一边开始一直滚下去，这个雪球就会变得无限大。人脉拓展在某种意义上就像滚雪球，开始可能只是一丁点大，由一片雪花开始到两片，到四片，到八片……直到无限大。

投资大师巴菲特说："人生就像滚雪球，最重要的是发现很湿的雪和很长的坡。"所谓很湿的雪，就是黏合人脉的技巧和方法，比如如何接近他们，包括用什么样的方式、什么语调、什么心态等等。所谓很长的坡，则是指拓展人脉的途径和范围，比如如何才能寻找到人脉，他们在什么地方，通过什么途径达到，等等。

只要你用对了方法，找对了路径，你的人脉圈就会像雪球那样越滚越大……那么，要用什么样的办法才能让你的人脉雪球越滚越大呢？

（1）找到很湿的"雪"

在你没有学会如何与陌生人成为朋友之前，即使你置身于一座人脉的摩天大厦中，你也不会拥有他们；即使贵人就在你的眼前，他们也会对你视而不见。所以，从现在开始，学习与人的相处之道才是上策。

大卫·麦克库洛所著的《杜鲁门传》一书中，写到杜鲁门即将下台之前的一段故事。

共和党候选人杜威特·艾森豪威尔那年秋天在总统选举中击败了艾德

拉·史蒂文森。艾森豪威尔的当选，让杜鲁门总统很不服气，他断言艾森豪威尔的执政生涯将是一次灾难。

艾森豪威尔进入白宫后，杜鲁门指着他的办公桌说："他会坐在这里，然后他会指点这个，指点那个，结果却什么也做不成！可怜的艾克，当总统和在军队不一样，他一定会遭受巨大的失败。"

杜鲁门说对了一半。他十分清楚，宪法只赋予总统一份微小的权力，去做他需要管理的事，而其余的则要靠他去说服其他人实现他的愿望。然而，杜鲁门判断艾森豪威尔没有这种能力是错误的。

艾森豪威尔能够当上"二战"盟军的最高统帅，并不是因为他发号施令的声音大过其他将军，而是因为他可以应付蒙哥马利、巴顿、丘吉尔及戴高乐这些人的尖锐个性。他倾听他们的抱怨，替他们调解纷争，让他们成为注目的焦点。他奉承他们，哄他们，征询他们的意见，感谢他们的付出。然后，他赢得了战争。最后，他又赢得了选举。这就是总统何以成为总统的原因。

这也正是我们需要掌握的本领——掌握和人打交道的方法，才能游刃有余，左右逢源。

(2) 找到很长的"坡"

你必须找到一条结交更多朋友的捷径，而不是跑到大街上跟每个人套近乎。

林登·约翰逊总统年轻时在华盛顿担任国会助理，而他辉煌的政治生涯也从此开始。那时，他十分热衷于建立政治网络。约翰逊和其他国会助理住在一栋廉价公寓内。为了和这些同僚"撞见"，他一天要洗6次澡。在浴室这种地方见面，简直太妙了。一群脱得精光的男人在这里交流，所增加的亲密感远胜于西装革履的客套敷衍，不是吗？由此，约翰逊的人际网络开始逐渐成熟起来。

每个人都有自己独特的人脉交往捷径，关键是你要在生活中善于去发现。在当今的网络时代，人和人之间交流的便利条件，使得各种各样的团体如雨后春笋般冒出来。人脉"滚雪球"的最佳途径，是加入一些适合你的社会团体，并在其中扮演自己的角色，这是你建立人际网络的基础。

全世界最好、最成功的团体可能是"WASP 百万富翁俱乐部"，可惜你我都无缘加入。幸好，对我们这些不能加入百万富翁俱乐部的普通人来说，还有很多其他的团体可以选择。

当你加入了一个社会团体，开始在这个团体中建立自己的人际网络时，你一定会发现，在这个团体中，有些人能够带给你极大的帮助。以前，因为你自身固有的弱点，有些事情你是从来不会想要去尝试的，现在，在新朋友的帮助下，你的视野拓宽了，信心也就更足了。

社会已经发展到了网络时代，人们寻找自己愿意参加的团体，也不再像以前那么费力了。你可以立刻上网，在任何你感兴趣的网站上与人交谈。用这种方式来建立人际网络，已经成为当前最流行的方式。

只要你掌握了最基本的与人交往的方法，找到构建人脉网络的最佳途径，并按照这套办法从第一个人脉开始，很快你就会发现，你的人脉就像滚雪球一样，越滚越大。从一片雪花到两片雪花，也许是最艰难的开始，但是，只要有了这个良好的开端，你就不会再为自己缺少人脉机会而发愁了。

↙*2*
一生二、二生三、三生万物的转介绍机制

一个年轻人拜访一个成功人士，问他："可以向您请教一下您取得如此辉煌的成就的原因吗？"

成功人士回答："可以，因为我知道一句神奇的格言。"

年轻人说："是什么呢？"

成功人士说："这句格言是：我需要你的帮助！"

推销员不解地问："你需要他们帮助你什么呢？"

成功人士答：“每当遇到我的客户时，我都向他们说：我需要您的帮助，请您给我介绍 3 个您的朋友，好吗？很多人答应帮忙，因为这对他们来说只是举手之劳。”

闻听此言，年轻人如获至宝，他按照那位成功人士的经验，不断地复制“3”的倍数，数年之后，他的客户群像滚雪球一样越滚越大。通过真诚的交往和不懈的努力，他终于成为美国历史上第一位一年内销售超过 10 亿美元寿险的成功人士。他就是享誉美国的寿险推销大师甘道夫。

熟人介绍是一种事半功倍的人脉资源扩展方法，它具有倍增的力量。一个人的能力再强，但是他的精力和时间是固定的、有限的。要想在短时间内开发出大量的人脉资源，只有利用转介绍的机制，才能产生一生二、二生三、三生万物的几何指数的倍增效应。

在英国有这样一对母子，儿子是汽车推销员，母亲是保险推销员。

有一次，儿子向一位名人成功推销了一辆汽车。一个礼拜后，这位名人突然接到一个陌生电话：“您好，我是甘林的母亲，感谢您一个礼拜前在甘林那里买了一辆汽车。我今天打电话是想通知您，请您明天抽时间开车回车行进行检查。”这位母亲知道，大凡名人都很忙，一般不会随便接受别人的邀请。所以，想借这位名人回车行的机会请他吃饭。

第二天，这位名人如约而至，检查车况后，这位母亲对他说：“为感谢您的支持，已到午餐时间，我想请您一起坐一坐，我们可以顺便聊一聊如何更好地维护你的爱车。我想您不会拒绝一个做母亲的请求吧？”名人盛情难却，接受了邀请。

席间，这位母亲说：“像您这么成功的人士，一定会非常注意生活的品质，一定需要一份完善的保障计划。您帮助了我儿子，您一定也会帮助我的，我这里有一份保险计划书，请您留意看一下。”盛情难却，名人不得不接过保单。

几天后，这位母亲通过再次打电话和亲自拜访，终于签下了一张保单。同样，这位母亲的儿子也以同样的方式向母亲的保险客户推销汽车。

这就是人脉资源交换的有效运作。

当两个人交换一块钱时，每个人都只有一块钱；但当两个人交换人脉网时，他们可以各自拥有更加丰富、完善的人脉网。你有一个非常好的人脉网，我有一个非常好的人脉网，如果我们互相交换，那么，你有两个人脉网，我也有两个人脉网。所以，扩展人脉资源最有效的方法就是与别人交换人脉资源。

好多人过于珍惜自己建立起来的人际关系，以至于不想把自己认识的人介绍给他人，因为他们一般都会存在这样的心理："我介绍他们认识后，他们之间的关系比和我之间的关系更亲密怎么办？"其实这是一种误区。专业咨询师李宗善说："人际关系就是肌肉"，纹理越细致越不容易被扯破，相互之间连接越密切力量越强大。所以无论何时都要毫不吝啬的尽自己所能把自己的熟人介绍给他人，因为你的"毫不吝啬"可以使你的人际关系网更加发达。

熟人介绍加快了与人信任的速度，提高了合作成功的概率，降低了交往成本，确实是一种人脉资源积累的捷径。所以，在商务活动中，我们要养成一些习惯性的话语，例如："如果有合适的客户或对象麻烦介绍给我，谢谢！""如果有需要这方面产品或服务的人，麻烦您告诉我。""我们今晚有活动，你可以带一些朋友一起过来。""您有这方面的朋友吗？是否介绍给我让我们认识一下。"

这样的话多说几次之后，对方也会形成一种习惯性的思维，如果真有合适的客户或对象，他就会想起你说过的话。

3

慧眼识人，找出那些隐藏在普通人中的"贵人"

有句话说得好："你还没成功，是因为你还没有遇见贵人。"可是贵人在哪里呢？很多人都抱怨自己的朋友太少，抱怨自己的朋友大都是酒肉朋友，真正想找他们帮忙时，就逃得远远的，还谈什么"贵人"？

其实贵人身上并没有写着"贵人"两个字，贵人也是普通人，关键在于你是否有智慧的双眼从茫茫人海，从你那些看似普通的朋友中把他识别出来。如果你做不到慧眼识人，那么即使你身边有贵人你也会错过。

有个小姑娘名叫王灿，毕业于名牌大学，毕业之后将近一年都找不到工作，整天待在家里无所事事，于是就和隔壁家的王阿姨等人打麻将。

有一天，一位邻居问王灿："丫头，你找到工作了吗？"

王灿说："我学的是历史，大冷门儿，工作好难找的，我找了快一年了，都没找到呢！"

这时候旁边的另一位邻居说："经常跟你打麻将的那个王阿姨不是你们市重点高中教导处主任的妈妈吗？你可以问问她啊，说不定他儿子能帮你在学校找个教历史的工作呢？"

王灿一拍脑袋，说："哎呀，我只知道跟她打麻将了，你说我咋知道她还有一个当教导处主任的儿子啊！"

说完之后，王灿买了一些水果，赶紧去王阿姨家。碰巧王阿姨的儿子在家，但是他告诉王灿："你怎么不早说啊，上周我们学校刚跟一个普通师范大学历史系毕业的学生签约，你要是早点告诉我们，我们肯定帮忙啊，都是一个小区的邻居。"

故事讲到这儿，如果你是王灿，听到这样的结局你懊恼吗？后悔吗？可是已经没有用了，只能怪自己"有眼无珠"，或者说没有擦亮双眼发现身边隐藏的贵人。

生活中，很多人只知道在牌桌上打牌、在邻居面前抱怨，却忽略了深入思考了解牌友、邻居的职业、社交地位及朋友圈子。如果你是有心人，别人不经意的几句话就能让你眼前一亮，从而发现你一直寻找的贵人。

你的世界不缺少帮助你的贵人，而是你缺少发现贵人的慧眼。如果你能把握住身边的贵人，那么你就能率先把握住别人没有的机会。因为关键时刻，贵人能向你提供信息资讯，给你提供机会和平台，让你步步领先。

那么，怎样才能发现贵人呢？贵人又有哪些特点呢？下面就来详细地分析一下贵人的特点。

特点 1：无条件挺你的人

当一个人愿意无条件挺你时，他肯定是你的贵人。因为他相信你，他接受你。当他知道小人在背后制造流言中伤你时，也会毫不犹豫地挺你，帮你说话、澄清。这样的人是你不可多得的朋友，是你命中的贵人。

特点 2：愿意唠叨你的人

谁会没事向一个自己不在意的人唠叨？当一个人唠叨你时，说明他在意你，他的唠叨对你是一种提醒，他不希望你多走弯路。你的身边是否有这样的人呢？

特点 3：愿意与你分享分担的人

无偿地与你分享分担的人，是你风雨兼程的朋友，是你生命中的贵人。很多人有福同享，但是有难却不能同当，但是有些人愿意与你分担痛苦、承担困难，在你最落魄的时候对你不离不弃，这样的人值得你珍惜。

特点 4：教导你、提拔你的人

有一种人，他能看到你身上的闪光点，也了解你的不足，他协助你、提拔你，对你不嫌弃。当你遇到困难时，他会给你指点，为你出谋划策。这种人不是你的贵人，又是什么呢？

特点 5：懂得欣赏你长处的人

一个懂得欣赏你长处的人，表明他肯定你这个人。有些上司虽然发现了你的优点和长处，但是未必欣赏你的长处，更别说接受你的长处。因此，你要学会珍惜那些欣赏你长处，肯定你的人。

特点 6：容易生你气的人

如果你身边有个人会傻傻地生你的气，你至少要感激他。因为这证明他很在乎你，试想，一个不在乎你的人谁会傻傻地生你的气呢？当他生你的气时，你有必要询问情况，给予安慰，让他对你的好感更进一步，日后当你有困难时，他肯定不会袖手旁观。

4
掌握"二八法则"，实现人脉效益最大化

王先生最近经常为这样一件事困扰着：朋友多，应酬多。

朋友多了，本是好事——多个朋友多条路嘛，一个好汉还三个帮呢！可王先生的烦恼在于：今天陪客户吃饭，明天要赴同学聚会；还有单位的同事，上面的领导，手下的员工都要顾及；还穿插着这个结婚，那个丧葬；有了孩子，要过满月……这些都得应酬。对了，还没算上自己和妻子家里七大姑八大姨这些关系的走动呢。

王先生本是一个很重视人脉资源的人，可是频繁的应酬是有成本的——经济上的花销形成了负担；时间上的支出让他处于疲于奔命之中，本来就紧张的时间更不够用了，甚至有时还影响到了他工作和家庭的正常秩序，引起了领导的不满，妻子也抱怨起来。如今，请客送礼、忙于应酬也是现代人最头疼的一件事。可是不走这个人情往来又不行，被困在人情网里，苦不堪言，又无计可施。

我们上面讲的王先生就已经不是他一个人在战斗了。他的烦恼和困惑已经向我们提出了在人脉资源的建设、拓展和管理维护方面存在的误区已经到了需要重视的时候。这些误区主要体现在两个方面：

误区一：认为人脉就是拉"关系"或"关系"就是一切

这一点是不少人对人脉资源片面的表面理解。人脉资源是人与人的一种关系，但如果说发展人脉就是天天"拉关系"，反而可能会毁掉自己的人脉圈。

当今，社会节奏加快，人变得更加现实。在人脉资源的建设和拓展中，"拉关系"只是方法和手段，并不是最终目的。我们可以用换位思考的方式来想一想：在一个整天和你一起"吃吃喝喝"的酒肉朋友和另一个

尽管交往不是十分密切，但可能会给你带来帮助的朋友之间，当他们有求于你时，你会为哪一个做得更多呢？

误区二：缺少人脉资源规划

缺少人脉资源规划经常会导致两种极端——一种是"临时抱佛脚"。当急需别人帮忙的时候，才想起"找关系"。人脉资源需要建设，需要拓展，需要未雨绸缪；否则，到了需要的时候，就"书到用时方恨少"。

目前更常见的另一个极端是与"临时抱佛脚"相对应的叫"饥不择食"——只要有可能搭上的关系都要搭，只要可以结交的朋友都要交。

美国全球竞争力研究院院长黄力泓说："每个人都有 250 位朋友，他们分别出现在两种场合，一个是你的婚礼，一个是丧礼，而这些朋友有 80% 是对你毫无帮助，他们通常不会给你正面、积极的影响，当你渴望有任何作为的时候，他们通常会浇你冷水，告诉你种种的坏处和各种失败的可能。有 20% 的朋友，他们是属于较积极的，会给你正面的影响，其中又有 5% 的朋友则会帮助你，甚至改变你的一生！"所以，你对朋友们不该一视同仁，你应该花 80% 的时间，跟那些会影响你一生的 20% 的朋友在一起。

企业经营管理中有一个著名的"二八"法则，通常的意义是说，在企业中 20% 的产品在创造着企业 80% 的利润，20% 的顾客为企业带来 80% 的收入，20% 的骨干在创造着 80% 的财富，80% 的质量瑕疵是由 20% 的原因造成的，等等。这个原理告诉我们，要抓住那些决定事物命运和本质的关键的少数——"20% 的人脉资源为你创造了 80% 的机会和收益"。

对你一生的前途命运起重大影响和决定作用的，也就是那么几个重要人物，甚至只是一两个人。我们如果平均使用我们的时间、精力和资源，最终的收益并不会产生"最大化效益"。所以，我们必须对影响或可能影响我们前途和命运的 20% 的贵人另眼相看，我们必须在他们身上花费 80% 的时间、精力和资源。这是科学经营人脉资源的原则，与我们的人品与道德是两码事。

↙5
结交可优势互补的朋友

现代社会是一个分工精细的社会，隔行如隔山，你不可能样样精通。结交可优势互补的朋友，所带来的最大好处就是博采众长，使之为我所用。这才是我们选择朋友的基本原则。

如果整天和与自己各方面都很相似的人在一起，强项不一定会更强，但弱项一定会更弱。另外，一个人通过与不同类型的朋友交往，可以获得不同侧面的信息，利用这些信息，就可以达到优势互补的目的。所以，我们应该根据自己的优缺点和拓展事业的需要，积极主动地选择有益、有效的朋友。

王桐和朋友李然两人在市中心商业区某数码城租了一个商位。王桐是某电子科技公司产品部的职业经理人，而李然则是跑了多年销售的营销员，销售渠道畅通。王桐这几年工作一直很不错，也攒了不少钱。一个有资金，另一个则是营销领域的老手，两人一拍即合，取长补短，王桐负责资金投入，李然负责业务开展。

王桐利用自己在公司的人力资源，可以拿到最优惠的价格，而李然有着丰富的客户资源，销售渠道不用担心。目前他们代理了多家公司产品，光是 MP3，就有爱国者、海尔、明基、松下等国内外品牌，销售势头很好，赢利相当可观，用王桐的话来说："可以与自己优势互补的朋友合作，不管做什么都会成功，做生意当然也会财源滚滚啦。"

在结交优势互补的朋友时，还要注意做到"看重一点，不及其余"。也就是说，可能对方并不如你，在很多方面都很普通，但有一点非常突出，而这也正是你所欣赏和需要的，那你就可以与之做朋友。对朋友的要求不要过于完美，要尽量多利用朋友的优点，而不是盯着对方的缺点不放，更不要以貌取人。

美国的乔布斯和沃兹是"苹果Ⅱ"微电脑的开发者。他们有一个重要的合作者是马克库拉。其实，最初光顾乔布斯和沃兹两位年轻人的并不是马克库拉，而是乔布斯的老板介绍来的一名叫唐·瓦尔丁的人。

当唐·瓦尔丁来到乔布斯家中，看见乔布斯穿着牛仔裤，散着鞋带，留着披肩长发，蓄着胡志明式的大胡子，怎么看都不像一位企业家。于是，唐·瓦尔丁就把这两位奇怪的年轻人介绍给了另一位风险投资家马克库拉先生。

马克库拉原来是英特尔公司的市场部经理，对微电脑十分精通，他并没有被乔布斯和沃兹的样子吓坏，而是先考察了乔布斯和沃兹的"苹果Ⅱ"样机，最后，马克库拉问起了关于"苹果Ⅱ"微电脑的商业计划，而乔布斯和沃兹只精通于技术，对商业买卖一窍不通，所以二人面对马克库拉的提问，一下子面面相觑，说不出来话。但马克库拉并没有因此失望，而是决定和两位年轻人合作，并出任董事长。

因为对乔布斯和沃兹的外表形象过于求全责备，唐·瓦尔丁失去了他一生中最重要的一次机会。而马克库拉与他相反，专注于两个年轻人的优势能力，并且与他们进行了深度的合作，所以他成功了，他抓住了人生中最重要的机会。

决定一个人成败的更多的是他的优点，而不是缺点。重要的是对方真正的品质，而不是外表或者言辞本身；重要的是，对方所有的，是你所缺的。有专家说，决定一个人成就大小的不是长处，而是他的短处，但只要能找到弥补我们缺陷的那个人，不就是最完满的组合吗？

无论是事业上还是生活中，如果有一两个可以和自己取长补短、互帮互助的朋友，那真是让人羡慕的好运气。

∠6
交友也需"势利"，不要耻于将朋友分等级

在交朋友的时候有一点儿"势利"实在是一种远见。

势利，并不是指见风使舵，谁有钱有势就巴结谁。势利——给朋友分等级，就是要分清哪些朋友是我们的真朋友，是能和我们一起共甘共苦的；哪些朋友更多的只是利益上的关系；哪些朋友只是点头之交……

有个地方官员，朋友无数，三教九流都有，他也曾向人夸耀，说他朋友之多，天下第一。曾有人问他，朋友这么多，你都能同等对待吗？

他沉思了一下，说："当然不可以同等对待，要分等级的。"

他说他交朋友都是诚心的，不会利用朋友，也不会欺骗朋友，但别人来和他做朋友却不一定是诚心的。在他的朋友中，人格清高的朋友固然很多，但想从他身上获取一点儿利益、心存坏意的朋友也不少。

"对心存歹意、不够诚恳的朋友，我总不能也对他推心置腹吧，那只会害了我自己呀。"所以，在不得罪朋友的情况下，他把朋友分了等级，有"刎颈之交"、"推心置腹"、"可商大事"级、也有"酒肉"、"点头之交"、"保持距离"级，等等。他就根据这些等级来决定和对方来往的密度。

这个官员不可谓不聪明，我们不可能只和品格高正的人来往，给朋友分一个正确的等级，不仅可以避免无谓的伤害、节省人情往来的精力，还可以最大限度地发挥朋友的功能。

朋友的等级自然不是从一开始就分出来的，而是在交往过程中，根据朋友的品质、亲密的程度，感情的远近、利益上的分配而慢慢分化出来的。

第一等级的朋友自然是那些对我们的人生和事业都很重要的人，他们

与我们息息相关，对我们的人生起着决定性的作用。

第二等级的是那些知心的、经常来往的、能互相帮助的朋友。

第三等级的是利益之交，利益关系消失，朋友关系也基本结束。

培养人脉重点是要找到那些含金量高而又真正愿意帮助你的朋友，并重点和这些朋友交往。

我们当然主张，对朋友要以诚相待，不可有欺骗，但是，防人之心不可无，凡事留个心眼。对于可深交的朋友，你可以和他分享你的一切，不可深交的，维持基本的礼貌就可以了。

把朋友分等级，自然不是分地位或贫富的等级，但是，肯定会和你目前的需求和身份有关。但有一个前提必须记住，不管对方多有智慧，或多有钱，一定要是个"好人"才可深交，也就是说，对方和你做朋友的动机必须是纯正的。

有一个朋友，现在是一家公司的董事长。他说起自己的创业史，深有感触地说："当年，我和一个哥们儿一块创业，那哥们儿说话豪爽，办事利落，但公司效益不好时，他马上另立门户，带走所有客户，几个得力的员工也被他带走了。这时候，和我在一起的是一个平时很沉默的老大哥，他在一旁耐心地指点我、帮助我，直到我把公司重新做起来了，他说自己老了，干不动了，什么要求也没有，就回乡去了。临走时，我摆酒宴感谢他，他说："我就是看你是个老实的小伙子，才想帮你。"

患难见真情。把朋友分等级，就是要在交往中去区分，去划分。你不能像分名片一样，经理级的一堆，副经理级的一堆。你这样划分，绝对太势利，相信也没有人愿意和你这样的人做朋友。

上例中的老大哥，以"你是个老实的小伙子"为由，就决定留下来帮助他，这样的朋友你不把他划分到你的第一等级当中，还等什么呢？

在自己的人脉网中需要有几个真心与结交的，处于第一等级的朋友，不管你穷困潦倒也好，还是飞黄腾达也好，他们都会不离不弃地帮助你，以这些朋友为经脉，就能织起一张结实而稳固的四通八达的人脉网。

↙7
友情投资宜走长线，千万不要有"近视症"

友情投资要从长远考虑，千万不要有"近视症"，需要关注人脉的成长性和延伸空间。

有一个中小企业的董事长，长期承包那些大电器公司的工程。这位董事长的交际方式与一般企业家的交际方式的不同之处是：不仅重视与公司要人的关系，对年轻的职员也殷勤款待。

当然，这位聪明的董事长并非无的放矢。事前，他总是想方设法将电器公司中各员工的学历、人际关系、工作能力和业绩，做一次全面的调查和了解，认为某人大有可为，日后必成气候时，他都会尽心款待。

比如，当他所看中的某位年轻职员晋升为科长时，他会立即跑去庆祝，赠送礼物，同时还邀请他到高级酒店用餐。年轻的科长很少受这样的款待，心中自然倍加感动，心想：我从前从未给过这位董事长任何好处，也不是什么有权有势的人物，人家这样待我，真是有愧！

正在受宠若惊之际，这董事长却说："我们公司能有今日，完全是靠贵公司的抬举，因此，我向你这位优秀的职员表示庆祝，也是应该的。"这样说的用意，是不想让这位职员有太大的心理负担。

这位董事长明白，十个欠他人情债的人当中，有九个会给他带来意想不到的收益。他现在做的"亏本"生意，日后会利滚利地收回。

果然，在生意竞争十分激烈的时期，许多承包商倒闭的倒闭，破产的破产，而这位董事长的公司却仍旧生意兴隆。

不得不佩服董事长"放长线钓大鱼"的眼光。编织人脉，要放长线钓大鱼，看到大鱼上钩之后，不要急着收线扬竿、把鱼甩到岸上。急功近利，到头来不仅可能抓不到鱼，还可能把钓竿折断。会钓鱼的人会有这种经验：鱼线动了，鱼上钩了！先按捺住心头的喜悦，不慌不忙地收几下线，慢慢把鱼拉近岸边；一旦大鱼挣扎，便又放松钓线，让鱼游窜几下，再慢慢收钓。如此一张一弛，待到大鱼筋疲力尽、无力挣扎，才将它拉近岸边，用提网兜拽上岸。

求人也是一样，如果逼迫得太紧，别人反而会一口回绝你的请求。只有耐心等待，才会有成功的喜讯来临。

尽量少做临时抱佛脚的买卖，而要注意有目标的长期感情投资。同时，放长线钓大鱼，必须慧眼识英雄，才不至于将心血枉费在那些中看不中用的庸才身上。

↙8
九种途径，快速拓展你的人脉圈

(1) 开业庆典或周年庆典活动现场

许多公司都要举行开业庆典或周年纪念活动。这些活动正是我们认识新朋友、扩展人脉圈的大好时机。

林小姐的一个客户打电话告诉她，说后天是他们公司成立的周年庆典，想让她过去捧场。林小姐就问他有没有需要自己帮忙的地方。那位老板想了想说："如果可以的话，就麻烦你帮忙招待一下客人吧。"林小姐很爽快地答应了。到了那天，林小姐精心打扮了一番，早早就去了那家公司，帮助老板打理接待事物。一天下来，林小姐就与上百名前来祝贺的各界人士交换了名片。

而许先生更是棋高一着。从报纸上了解到某房地产公司要为自己公司的一高档楼盘举行隆重的开盘仪式，许先生一看心里乐开了花，他知道，能买得起这个楼盘的都是一些有钱人、企业的老总，这可是个认识名流、拓展人脉的好机会。

于是，他也按时到达了现场，当他看到沿街停靠的小轿车一字摆开，一直延伸到几百米以外时，顿时欣喜若狂。那一天，他以该房地产是否值得投资为名，与许多购房者进行讨论和交换意见，并且建立了良好的关系，认识了不少企业的老板。

以上这两个例子，都说明积极参加一些客户企业的开业庆典或周年纪念活动可以有效拓展我们的人脉资源。

（2）产品说明会、发布会、推广会现场

许多著名企业都会在一定的时候召开新产品说明会、技术发布会、市场推广会或巡回展示会等。这是我们认识某一行业上层人士的极好机会。

一天，张先生的朋友打电话告诉他说，一家国际大公司将会在某日某大酒店举行新产品展示会，问他有没有兴趣参加。张先生当然满口答应。因为他知道，参加这样的会议，不仅能够直接了解到国外最近的产品与技术发展趋势，还能结交许多IT界的新朋友。真是一举两得。

张先生如约前往。在大酒店的会议接待处，他在领取有关资料时，首先是与主办单位的负责人和接待人员交换了名片。本来他可以进入会场就座的。然而他以等人为名，在接待处又认识了几位新朋友。那一天，他在场内场外一共"拜会"了60多位IT界人士。张先生这一天，不仅学习到了最新的电脑知识和技术发展趋势，而且还认识了不少的IT界朋友，这为他以后的事业打下了人脉资源的基础。

（3）博览会、展销会现场

随着商品经济的发展，各种博览会、展销会纷纷举行。如汽车博览会、服装博览会、食品博览会、房地产展销会，等等。其中参展的商家以及消费者中的一部分人都可能成为我们最好的人脉资源。

国际机电产品博览会就要隆重举办，刘女士和她的营销小组成员也在悄悄地准备着，想在这次盛会上取得成功。一般人都会认为机电产品与人们的日常生活相距甚远，因此没有在意。

而刘女士则刚好相反。她认为她是做人的工作的，她所需要的是认识

那些从事机电产品生产和销售工作的人，而不是具体产品。因此，她不会放弃这样的机会。

那一天，她和她的营销小组成员早早地来到会场。她们在会场收集各种资料，也在各个展台前与本市参展厂商的负责人交换名片。这一天，她们虽然很辛苦，但她们却在同一个地点，拜访了全市所有的机电产品制造商。其工作效率之高与平时是无法相比的。

(4) 星级宾馆里的高级舞会

娱乐场所，特别是高级娱乐场所，往往是有闲阶层人士光顾的地方。有闲的前提是有钱。从营销的角度看，有闲阶层人士当然是我们重要而优质的发展对象。

叶女士在进入保险公司之前，是一位文艺工作者，而且专门学过国际标准舞。她常在本市的一家五星级涉外饭店的舞厅进出，陪同那些商场上的高级人士共舞。由此，她认识了不少商界名家。

严格地讲，叶女士并不是舞女，而是一位公关工作者。她的穿针引线，也为那些大款解决了一些商业上的难题。那些商界人士因此既亲近她，也尊重她。后来，这些人中有许多都成了她的大客户。叶女士也由此而建立了一个牢不可破的人脉资源网。对她而言，高级娱乐、社会交际和保险营销三者之间已融为一体，其乐无穷。

(5) 酒会、茶话会、座谈会

一些学术团体、协会组织为了总结当年的工作，规划和部署明年的工作，往往要举行一些茶话会、酒会等。马先生就是被邀请的一员。

马先生并没有参加任何民间团体组织，他只不过有一个为当地报社写稿的习惯。由于他本身从事营销工作，所撰写的稿件又多半是与销售有关，于是，报社便将其列入工商界的通讯员代表。马先生经常往报社跑，又参加每月一次的通讯员座谈会，于是，他通过这条渠道，除了认识了许多报社的记者外，还认识了本市各行各业的许多名人。这些人中，有的一来二往，就不知不觉成为他的客户了。

马先生在进入该公司之前是研究宏观经济的。在我国刚刚加入世界贸易组织的时候，全国上下都刮起了一股 WTO 风。马先生借此机会也与报社联系，希望能办一个专栏。这个想法与报社不谋而合，立即得到了同意。

为了将这个专栏办好，他以报社的名义向当地的一些大专院校的专家教授发出邀请，在报社召开座谈会，向他们约稿。一两个月下来，他认识了不少的专家。最后，不仅栏目取得了成功，而且这些专家也大多成了他的忠实客户。

(6) 参加朋友的婚礼或生日宴会

一般来讲，参加朋友、同事、同学、邻居的婚礼，并在其中帮助做点儿什么事，是拓展人脉圈最应该做的事情。

小王是一位专修公共关系的大学生，去年毕业后加入了现在的公司。刚踏入公司时，他意识到必须尽快地让身旁的人知道自己在做什么。有一天，他的街坊邻居家中操办结婚大礼，请他去帮忙。主人开了 30 桌酒席，小王却利用这个机会将自己的名片和公司的产品宣传单用红纸包好，给每位道贺的客人一个红包。

那些客人回家后，还真有五六位给他打电话，询问相关事宜。其中有三位成了他的客户，三位中有一位是一家企业的老板，是一位出手不凡的大客户，小王从此与该客户建立了长期的业务往来。

(7) 社会公众人物葬礼现场

在殡仪馆里拓展圈子资源，听起来有点儿不可思议，但确实很有效果。你若参加了一些当地公众人物的葬礼，你会发现那真是一座人脉资源的金矿。

有一个人参加了艺术家赵丽蓉老人的葬礼。赵丽蓉老人生前的小品节目在大陆享有很高的收视率，而且她老人家在演艺界特别受到晚辈们的尊敬。这次去参加葬礼的都是一些明星级的影视、音乐名流，其中包括香港和台湾的明星。

在参加完赵丽蓉老人的葬礼几天后，他接到一个电话。那是一个著名影星打过来的，他说："我想买保险，因为在北京我不认识其他的保险营销员，请你帮我一个忙。"另外，还有一位明星，一下子买了20多万保费的保险，也是这样促成的。

(8)　高级培训班

平时，注意多参加一些高级培训班或研习会，你既可以学习到一些新的知识，又可以进一步了解行业的趋势，而最为重要的，就是可以结交更多的重要的朋友，扩充自己的人脉资源网络。

成人教育一类的培训班或研习会不同于学院式的正规教育，通常那些参加培训班或研习会的人早已走向社会，有了自己的事业或职业，而且参加培训的人大都是力求上进、想有所成就的人。

某著名大学"卓越女性高级研修班"第二期的招生简章上，将招生对象明确确定为："领略过成功的女企业家、女性金领和白领、国家企事业单位女性高管人士、城市女性休闲族和自由职业者"。

"我们研修班学习的学员包括来自全国多个领域的行业精英。"据研修班的举办者介绍，在第一期学员中，某市市长夫人、某银行行长、央视某主持、某大型购物中心总经理都名列其中。其中一半来自外省市，平时上课都需要"打飞的"。其实学员之间的互相吸引、彼此开阔眼界也是这类研修班被看好的一个原因。北京某知名素质培训学校的负责人表示，便于认识更多的精英人士、寻找商业合作的机会、拓展自身的人脉成为研修班吸引人气的一大优势。

并且，因为参加培训学习的同学、同行之间可以彼此交换工作心得，探讨行业趋势，了解更多有关的行业信息。这些信息将会为你做出正确决策、发展事业带来十分有益的帮助。即使不是同行，彼此交往也是十分有益的，也许他有可能成为你的顾客。同时，他也有可能带给你正在寻找的东西。这些聚会可以培养深厚的友情。

(9)　保龄球馆、游游馆、健身房等

刘先生的公司不远处有一家保龄球馆。平时，公司领导和同事偶尔会去那家保龄球馆玩玩。一来二去，刘先生就喜欢上了保龄球。为了提高水平，他报名参加了保龄球培训班。真是有心栽花花不开，无心插柳柳成荫。他在培训班认识了不少保龄球爱好者，这些爱好者大都是比较有实力的人物。对他们来说，打保龄球是一种高雅的运动，既健身娱乐，又是社交活动项目。只有学好它，才能与人交际。

原来，在保龄球馆中，还潜藏着这么一座金矿。有了"绝技"在身，刘先生就经常出入保龄球馆，随便一打就"打"出了好几个大客户。

还有一位王女士，做了一段时间的营销工作后，产生了畏难情绪。日复一日地拜访客户，口干舌燥地推销产品，还要面对客户的冷漠和拒绝。在老公的劝说下，她不再去开晨会，在家里打发日子，有时晚上去一下女子健身俱乐部。艺校毕业的王女士，自然是能歌善舞的。到女子健身俱乐部没几天，就成了那里的风云人物，并结识了很多女友。正是这些女友，为王女士的工作提供了舞台和门路。

像保龄球馆、游泳馆、健身房等地方，聚集着一群时尚的中上阶层人士，他们经济实力雄厚，人脉资源广泛，只要你有恒心、会交际，在这一群精英当中，发展几个客户，壮大你的人脉资源易如反掌。

第六章
DI LIU ZHANG

像"牛人"一样打造人脉

两百年前，胡雪岩因擅长经营人脉，从一个倒夜壶的小差，实现了鲤鱼跳龙门，成为了大名鼎鼎的"红顶商人"。两百年后的今天，当你思考那些商界成功人士的成功轨迹时，你会发现：他们都有一本厚厚的人脉存折。

↙ 1
打造黄金级人脉，学会沟通是第一课

如何才能拓展人脉？当然是沟通。如果一个人不会沟通，还交什么朋友？所以，你想认识更多的人，就一定得学会沟通。

据统计，现代工作中的障碍50%以上都是由于沟通不到位而产生的。一个不善于与上司沟通的员工，是无法做好工作的。现在的每一家企业都可以说是人才辈出，高手云集，在这样的环境中，信守"沉默是金"者无异于慢性自杀，不会有什么前途。

卡特是美国金融界的知名人士。他初入金融界时，他的一些同学已在业内担任高职，也就是说他们已经成为老板的心腹。当卡特向他们寻求建议时，他们教给卡特一个最重要的秘诀就是一定要积极地与上司沟通。

工作中如此，人际交往中更是如此。不沟通，别人怎么会知道你在想什么？你是什么样的人？你需要什么呢？

狮子和老虎之间爆发了一场激烈的冲突，结果当然是两败俱伤。狮子快要断气时，对老虎说："如果不是你非要抢我的地盘，我们也不会弄成现在这样。"老虎吃惊地说："我从未想过要抢你的地盘，我一直以为是你要侵略我。"

很多时候，我们都会发生老虎和狮子这个案例的这种误会，尤其是当我们处于竞争状态时。小玲和小谨同在一个公司的一个部门，都很优秀，她们总是觉得对方在和自己竞争，于是每天都小心提防对方，一旦谁做出一点儿成绩，她们马上认为，这是对方在故意和自己较劲，马上就绷紧了神经。其实她们自己并不想处于这种竞争状态，但都怀疑对方和自己较劲。如果你意识到自己错了，或者不想和对方为敌，想和对方和好，请尽快与对方沟通，免得误会越闹越深，发生违背自己本意的结果。

李小姐在酒会上遇到一位男士，一见之下，很是心仪，可是李小姐不知道如何跟他打招呼，又想找认识他的朋友做个介绍，张了几次嘴都不好意思说出来。李小姐就这样眼睁睁地看着自己心仪的男子在人群中穿梭交谈，直到酒会结束离去为止。李小姐越想越悔，怎么就没有勇气上去讲话呢？问一声"你好"也行呀。

不会沟通，我们往往会失去很多重要的机会。所以，从现在开始，不要再犯李小姐同样的错误，马上向每一个你喜欢的人问声好，告诉他们你很想和他们交朋友。你会发现，对方往往也和你的想法一样，你们之间会发生意想不到的惊喜。勇气是沟通的第一步。当然，在与人交际的过程中，如何与人沟通也是一门学问，重要的是实践。

（1）明确你的沟通目的

在人际交往中，你应懂得两个方面的角色运用：一是角色互换，二是角色创造。有些人不懂得把握角色互换的原理，因此常常习惯于从自己的角色出发来看待自己和别人的行为。

美国总统罗斯福在一次打猎时，惊走了一只梅花鹿，被一位老猎人狠狠地骂了一顿。罗斯福老老实实地低着头，因为他知道，他现在的身份只是一个新猎手，并不是总统。

你是上司时，就要拿出上司的姿态和员工沟通，但是，脱离了公司的环境，你就不要再摆出上司的架子，这样，当你在和别人沟通时，别人才愿意和你接近。具体扮演什么角色，要视对方的角色而定。

当你发现与人无法沟通时，你应该尝试换一个身份去思考：如果我是他，在现在这种情况下，我会怎么样？我希望别人怎样对我，怎样和我说话？我能怎么样？想清楚之后，你可以调换身份，创造一个新的角色。一个上司听一个员工抱怨薪水问题，从上司的角度去想，他并不认为这个员工的薪水有什么问题，但是他从员工的角度去想时，发现他也会有同样的抱怨。这样，他想办法换了一个沟通方式之后，这个员工的抱怨没有了。

（2）不要害怕被拒绝

对于很多怕被拒绝的人，我建议他仔细读下面这个故事：

一个男孩想开创自己的事业。他便问他父亲是否可以开创自己的事业。他的父亲便告诉男孩可以。于是，男孩决定为邻居提供油漆服务，但是开始的三家都拒绝了男孩的服务。男孩很沮丧地回家告诉了父亲。但是他父亲很高兴地告诉男孩："你已经开始赚钱了！"

父亲说："当有9个人对你说'不'时，总会有一个人对你说可以。如果你的服务费是10美元，那么当第一个人对你说'不'后，你便赚到了一美元。"

不要怕被人拒绝，关键不在于有多少人拒绝了你，而在于你有没有把你的想法说出来。不管别人说什么，只要你对别人说出了你的服务，你便已经赚到了钱。

（3）增加沟通的次数

一位优秀的推销员曾说道："每次去拜托客户的时间应尽量减短，但要增加拜访的次数，每次都重复同样的话题也就是说要常去拜访客户，但要尽量缩短沟通的时间。"

日本北海道的雾是相当著名的。人们身在其中，最初并没有什么感觉，等到感觉有雾气时，身上的衣服早就完全湿了。这种雾气最厉害的地方，就是使人在不知不觉中浸湿了衣服。假若有人提整桶水泼人，被泼者一定会立刻感觉到。而薄雾最初令人一点儿感觉也没有，但却实实在在地浸湿了衣服。

谈话时的内容应该90%为闲谈，拉拉家常，这样能让人感觉到你是关心他们的，也比较容易拉近距离。我所熟悉的一位总经理，经常和职员闲谈，打听打听他们家中的情况，再给他们说一两句关于私事或公事的劝箴。

（4）与人沟通最重要的是诚心

只有当人们觉得你是在为他们考虑时，他们才会很好地接受你的意见。"诚于心，而形于外"，当我们能真诚地和别人沟通时，也能较容易地获得真实的回报。只要你诚心诚意和别人交流、沟通，不管生意是否能做成，至少多了一个朋友。

∠2
在重要场合"曝光"，让更多人认识你

无论你在职场打工还是自己当老板，能否抓住别人的眼球，都是你成功的关键。你要让尽可能多的人看见你、听见你、感觉到你，并且喜欢你，那么，你离成功就只有一步之遥了。

乔吉拉德说："我在不断地推销自己，我没有将自己藏起来。我要告诉我认识的每个人，我是谁，我在做什么……我坚信推销无时无刻不在进行。"

东方朔刚入长安时，向汉武帝上书，用了三千片木牍，公车令派两个人去抬才勉强能抬起来。汉武帝用了两个月才把它读完。东方朔在奏章中一点儿也不谦虚地说了自己的优点，说自己是个不可多得的人才，怎么怎么厉害。汉武帝害怕被东方朔忽悠，看完后也没说什么。东方朔一看这招不行，就另想了个办法。

皇帝的侍臣中有一些个子矮的，他就对人家说，皇帝嫌你们没用，要全部杀死你们啦。这些侍臣们吓坏了，马上去找皇帝求饶。皇帝便问东方朔为什么要吓唬他们。东方朔就说了，你看看那些侏儒，身不过三尺，我身高九尺，和他们一样，吃一袋米。您要是觉得我有用，就给我提高待遇，您要觉得我没用，就让我走好了。汉武帝一听，哈哈大笑，提高了他的待遇。

东方朔之所以一直是皇帝面前的红人，靠的就是他的自我推销的艺术。现代社会讲竞争，人才辈出，不管你是做什么的，想让人家重用你，

你就要学会推销。你不去推销，人家怎么知道有你这么个人？怎么能知道你有什么能耐？现在有个新词叫"炒作"，就是推销的一种方式。

为什么有些本来非常杰出的人，在商海里始终默默无闻。原因之一便是他们不注意宣传自己，或者宣传了却又弄巧成拙。同样，有些人也许对某项重要的工程或生意非常有兴趣，却仅仅因为没有主动表示出他们的兴趣来，终遭忽视，最终导致创业失败。

成功者懂得利用一切机会让自己在重要场合"抛头露脸"，因为这样可以让更多的人认识自己，扩大自己寻找合作伙伴的范围。

所有想要通过合作实现创业的人，都应该尝试克服羞怯心态，高调地在重要场合"曝光"自己，让更多人认识你，赢得更多与人合作的机会。美国社会学家斯托勒为那些想要在重要场合"曝光"自己的人，提供了提高知名度的指南：

①多"出版"自己的工作成绩，如：署有你名字的报告、书信、特写、文章或书籍等；

②多参加一些社交活动，让人们能经常看到你的身影；

③积极与人联系，包括单位内外都要联系；

④参加某些团体，比如一些对口的专业协会、互助团体，并经常赴会。

要让你的业绩在人们口中自由传播。就要了解有哪些专业的影响手段，而不是随便地找一些世俗的方法。此外，让别人扮演你的宣传代理的角色，会收到极佳的效果。

有的企业遇到开业或者重要节日，就喜欢举行个庆典什么的，有的企业偶尔举办派对。你要尽量多参与这种活动，并在这种场合里做段演说，或者送点儿什么礼物，并保证不显尴尬不出洋相，你的个人形象、知名度一定会增色不少，所以你要积极自荐前往参加。只要是在社交场合里，你就没有"下班"这一说。

↙3
建立你的人脉资源数据库，把你的人脉分类管理

有效的人脉信息管理非常重要。如果你的人脉资源十分丰富，建议你进行人脉资源数据管理，如果你有条理、专注、坚持，那没有人会离开你的人脉网。

美国前总统克林顿在回答《纽约时报》记者是如何保持自己的政治关系网时说："每天晚上睡觉前，我会在一张卡片上列出我当天联系的每一个人，注明重要细节、时间、会晤地点以及与此相关的一些信息，然后输入秘书为我建立的关系网数据库中。这些年来，朋友们帮了我不少忙。"

连总统都在建立"交往档案"，何况一般人呢？

有人用计算机建立交往档案，有人用笔记本，有人则用名片册，这些方法各有长处，但不管用什么方法，都要记住：每个朋友都要保持一定的联系，不要"用时方恨少"。很多成功人士都有一个"交往档案"，而他们都是善用"交往档案"的人。

建立"人脉信息数据库"可以遵循这样的步骤：

首先，把你在学校时的同学资料整理出来，并做成记录。毕业经过数年后，你的同学可能会分散在全国各地，从事各种不同的行业，有的甚至已成为某一行业或某一领域的"重量级"人物。当有需要时，凭着老同学的关系，相信他们会给你某种程度上的帮忙。这种老同学关系，可从大学向下延伸到中学、小学，如能加以掌握，这将是人生中一笔相当大的资源。当然，要建立起这些同学关系，需要时常参加同学会、校友会，并随时注意他们的动态，这样效果才好。

其次，把你周围朋友的资料建立起来，对他们的专长也应有详细的记录。例如，他们的住所、工作有变动时，也要在你的数据上修正，以防必

要时找不到人。要准确掌握这些变动的情形,则有赖于你平时和他们的联系。

如果你不嫌麻烦,在他们生日时写上一张生日贺卡,或请吃个便饭,保证会使你们的关系突飞猛进。这些关系若能妥善维持,就算他们一时帮不上你的忙,也会介绍他们的朋友来助你一臂之力。

另外,有一种"朋友"也是不能忽略的,那就是在应酬场合认识的,只交换名片,还谈不上交情的"朋友"。这种"朋友"各行各业各种阶层都会有,不应该把这些名片丢掉,应该在名片中尽量记下这个人的特点,以备再见面时能"一眼认出"。名片带回家后,要依姓氏或专长、行业分类保存下来。

当然,不必刻意去结交他们,但可以借故在电话里向他们请教一两个专业问题,话里自然要提一下你们碰面的场合,或你们共同的朋友,以唤起他对你的印象。有过"请教",他对你的印象自然会深刻些。这种"朋友"不可能帮你什么大忙,因为你们没有进一步的交情,但为你解决一些小困难应该不会有太大的问题。

建立和善用"交往档案"是一种深刻了解人,并与之保持有效联系的方式。掌握了这样一种方法,并善加利用,自然免去了"人到用时方恨少"的苦恼。

↙4
主动出击——"宁错杀三千,别放过一个"

美国励志大师戴尔·卡耐基曾经说过:"一个人的成功取决于人际关系。"无论你从事什么工作,学会处理人际关系,学会积累人脉,对你走向成功都有极大的帮助。

人脉是一个人通往财富、走向成功之门的入场券。两百年前,胡雪岩因擅长经营人脉，从一个倒夜壶的小差，实现了鲤鱼跳龙门，变成了清朝大名鼎鼎的"红顶商人"。两百年后的今天，当你思考那些商界成功人士的成功轨迹时，你会发现：他们都有一本厚厚的人脉存折。人脉如此重要，那么该怎样拓展自己的人脉呢？最重要的一点，就是主动出击，"宁错杀三千，别放过一个"。

结交人脉应该积极主动，主动伸出你热情的手，敢于跟陌生人说第一句话。比如，在工作中，对于不太熟悉的同事或客户，要敢于与之攀谈；对于某些领域的大人物，你应该敢于与之搭讪。哪怕是公交车或地铁上的陌生人，如果有机会，你也可以与之结交。总之，你要做一个有心之人，要主动出击，而不要被动等待。如果你永远沉默，永远把双手抱在胸前，那么你可能永远也结交不到朋友。

与人结交之后，还需要保持联络，只有联系多了，了解增多了，彼此的感情才能更进一步。比如，节假日发个短信问候一下，闲暇时间打个电话聊一聊，这都能很好地拉近人与人之间的感情。必要的时候，还应该请客吃饭，送些小礼，这是笼络人心的有效手段。

俗话说："平时不烧香，临时抱佛脚。"很多人平时不理睬别人，等遇到困难时，才带着大包小包去求人。在这种情况下，菩萨再灵，也不会帮你。因为你平时心中无佛，有事才来恳求，完全把佛祖当成了一个工具，根本没有体现出对佛祖的重视，佛祖自然不会帮你。因此，为了避免"烧香"，你一定要多与人保持联系。

除了 8 小时工作之外，剩下的时间你都在干什么呢？很多人下班就回家，周末也在家，几乎不出门参加社交活动，这样怎么能结交更多的朋友呢？要知道，朋友不会登门来访，只有当你积极走出去，参加各种活动，多与人接触时，你才有更多与人结交的机会。比如，去篮球场上打篮球，认识一些球友；报一个学习班，认识一些同学，再把他们变成你的朋友；又比如，参加一些户外活动，认识一些驴友，也能结交新的朋友。

友谊如花，需要长年累月地浇灌和培养，切不可急功近利，而要学会放长线，这样才能钓大鱼。四通八达的人脉网络需要爱心的浇灌，需要精心地梳理，需要细心地呵护，需要耐心地期待。所以，保持耐心，经常保持联络，时常拜访、组织聚会等，才能让友谊之花散发出芳香。

主动结交朋友，最好的办法就是乐于助人，尤其是雪中送炭。助人不但是快乐之本，还是结交朋友的最有效秘诀。试问，谁不希望得到别人的帮助呢？当一个人遇到困难焦躁不安时，如果你能及时伸出援手，对方一定会感激涕零，然后把你铭记在心。

一天晚上，有一对美国老夫妇来到一家旅店住宿，但是服务员告诉他，旅店的房间已经全部订出去了。正当两位老人感到失望时，服务员说："如果你们不介意，我可以把自己的房间让给你们，因为晚上我要上夜班，所以用不着。"老夫妇听到这话，非常感激。

第二天，老人向服务员交付房费时，服务员拒绝了，他说："我的房间是免费的，你们不用支付房费。"老人再次表示感谢。后来，老夫妇建造了一家酒店，特意找这位服务员去经营管理。这个年轻人由此走上了富贵之路。

在这个案例中，那位服务员为老夫妇雪中送炭，打动了老夫妇，后来赢得了老夫妇的回报。由此可见，当你怀着真诚和善意帮助别人时，你也很容易得到别人的帮助。

乐于助人不仅可以赢得别人的好感，还能为你赢得一个良好的口碑和印象，这样一来，你的美名就会传扬出去，你的朋友就会呈几何倍数增加。

拓展人脉不仅需要主动出击，还需要有所规划。在你拓展人脉时，你可以问自己几个问题："我的职业方向是什么？""我准备在什么行业、什么类型的企业工作？""我有自己创业的打算吗？我准备在哪个领域或行业创业？"等等，搞清楚这些问题后，你可以有针对性地与那些对你事业有帮助的人交朋友，这样便于日后获得他们的支持和帮助。

拓展人脉时，你一定要保持自信，学会适当地自我夸赞，更好地推销自己。当你用自信的谈吐与人交流时，你的魅力就会变得异常强大，就能轻而易举地赢得别人的肯定和欣赏。说不定，在你想高攀他人时，他人已经迫不及待地向你投出橄榄枝，渴望与你为伍呢！

↙5
善用名片，让见到你的人"眼前一亮"

如今，名片已成为业务洽谈中的一张自我"广告牌"。近年的资料显示，商界每位外勤人员经常随身携带的名片数量在 10～19 张，一般为 17 张。可别小看这张小小的名片，当中包含了许多有用的信息：你是谁，在哪工作，你的职务是什么，你的联络方式……简单地说，名片就等于是你个人的营销档案。不要走向一个人，就立刻递出名片，应该是在简短的交谈之后，再递出名片。当然，如果是参加会议或是商业会面，应该在一开始时就递出名片。

世界推销大师乔吉拉德非常重视名片的作用，他认为，递名片的行为就像是农民在播种。他常常提着一万多张名片去看棒球赛或足球赛。当进球时或者比赛进入到高潮的时候，他就会站起来，大把大把地将名片撒向空中，让自己的名片在空中漫天飞舞，这为他销售汽车创造了更多的机会。当他去餐厅吃饭付账的时候，通常是多付一些小费给服务生，让他帮助自己向其他顾客发送名片。他寄送电话或网费账单的时候，也会夹两张名片，人们打开信封就会了解到他的产品和服务。

大凡成功的人，他们的名片都有与众不同之处。有鉴于此，很多人都喜欢在名片制作上精心设计一番。

一位 1969 年进入丰田汽车公司的人仅用 4 年的时间就卖出 100 辆汽车，颇让同僚瞠目。当他在丰田"摸爬滚打"17 年后，他的名片上印着这样一段话："客户第一是我的信念，在丰田公司服务了 17 年之久是我的经验，提供诚恳与热忱的服务是我的信用保证,请您多多指教。"这段文字是手写体的。这张名片比一般的大两倍,除了公司的名称、住址、电话以外,上方还写着"成交 5000 辆汽车",并贴着一张他两手比成 V 字的上半身照片。

名片的背面印着他的简历,上面写着他的自我介绍及前文所提销售汽车数量的个人记录,末尾则记着他家的电话号码。这种让人一目了然的"自我推销"工具,可以说是他成功的秘诀之一。

如果你是个自由从业者,记得要为自己设计独特的名片,包括版面设计、纸张、印刷品质等一定要突显自己的特色,吸引对方的注意。千万不要自己用激光或喷墨打印机制作名片,最好还是花一点儿钱交给专业印刷厂制作。

有了精致的名片仍是不够的,呈递名片的方法也非常重要。无论你是何身份,都应该学会正确的递名片方式。你在交接名片时要注意以下礼节:

①站立并先将名片递给顾客,最好在向顾客问候或做自我介绍时递出名片,右手递出;

②接名片时,双手接受并稍欠身且面带微笑;

③与上司一起时,等上司介绍你时,再递名片;

④收别人名片时,不要马上收起,应仔细端详之,若发现有罕见的读法时,应及时请教对方,切不可拿在手中玩弄。若顾客先递上名片,你应表示歉意,收起对方的名片之后再递出自己的名片。

↙6
别一个人用餐,人脉是"吃"出来的

自古道:"食色,性也。"衣食住行,"食"是第一位的。然而,在社会飞速发展的今天,吃饭这一头等大事却被人忽视,他们人独自用餐、落寞不已，没有人寝食难安，颗粒不进，让人不胜欷歔。

生活压力这么大，不吃饭难道就能解决问题？据调查，世界上的谈判80%是直接或间接在饭桌上完成的，可见，请客吃饭也能让一个人从此摆脱悲哀的处境。

有一位商人，每周做工作计划时总是先确定他要同哪些人碰面，然后每个礼拜安排四个早餐、四个午餐和两个晚餐来跟他个人或业务有关的人士聚餐。他们可能是客户，也可能是朋友，或是某些有影响力的人，也有可能是潜在的客户或其他人。

他经常会在街上遇见他想与其一起吃饭的人。所以他在最忙的时候，一周会有四次正式的早餐、午餐和两次晚餐。因此他一个星期无论多繁忙，仍然有 10 次访谈机会。在很愉悦的时间里加深顾客对他的印象。

这是极简单却非常有效的方式，毕竟自己吃饭也需要时间。另外，在饭局上人的情绪大都会非常好，更容易结成深厚的友谊。拜访 10 位客户需要花费许多时间，可是运用饭局拜访客户，在还没展开正式工作之前，就已经见了 10 位客户了。像这样的吃饭机会，不但可以进一步加强与客户现有的关系，甚至能得到某些很有价值的回报。

有人统计过，要想在个人和事业两方面获得飞速成长，每年至少要争取有 700 次的机会和一些可以为你的生活带来正面效果的人一起吃饭。所以，不管你是普通职员，还是上层领导，还是生意人，要想增加你的财脉，就要多和各种朋友吃饭，通过饭局增进感情、拓展人脉。

（1）找好请客的理由

请人吃饭，一定要有个由头。比如生日、升职、节日、老朋友好久没聚了等，都可以成为聚会的借口。请客的理由找得好，大家接受你的邀请就名正言顺，聚在一起也有话题聊。下面我们就说说请客都有哪些好借口：

其一，开门见山。大家好久没聚了，兄弟想你了，出来吃个饭，聊聊天。有几个朋友都想出来聚一聚，就少你一个了。总之，请客的理由有千千万万，"想"字当头，朋友开心，必定欣然应允。

客户或朋友来到你所在的城市公干、出差，作为东道主，你自然不能放过请客的机会，开门见山发出邀请即可。

其二，借花献佛。最近拉了一笔大单子，小小地赚了一把，有福同享，以此为借口请哥们儿出来撮一顿。

其三，喧宾夺主。你可以就近去一家离对方公司或家附近的酒店，找个借口邀请对方，比如，"我现在就在你公司附近，出来一起吃个饭吧。"

其四，诱友深入。你可以先和对方谈一些无关的话，聊聊大家最近的情况。"想想我们上次见面到现在已经半年了。真想你啊。有机会大家见个面聊聊吧，我请你。""我最近发现了一个很有特色的店，我们一起去尝尝？"

（2）饭桌上要谈论愉快的话题

不论是早餐、午餐还是晚餐，只要是用餐时间，都不应讨论令人不愉快的话题。那么，成功的饭局聊些什么呢？喝饮料时，可以聊些关于高尔夫球、天气之类的话题。等到上主菜时，谈的则应是美食、艺术、时事及一些无伤大雅的话题。

在饭局上，不可急功近利。你的谈话一定要有弹性，不要做硬性推销。最好的方式是不要谈工作，吃饭就是吃饭。有句古语说得好："吃人家的嘴短，拿人家的手软。"只要他答应和你吃饭，下次你找他合作或帮忙时，他就不好意思拒绝你了。

另外，你在席间要适当地谈你自己的情况，谈你可以为对方带来什么好处，可以提供什么样的优质服务。

（3）饭局中的细节要注意

饭局是体现一个交际水平、个人素养的地方，所以，一定注意就餐细节，不要无意中给人留下不好的印象。

一般来说，饭局中的座次是"尚左尊东"、"面朝大门为尊"。如果是圆桌，正对大门的则为主客，之后是主客左右手边的位置，越靠近主客位置越尊，相同距离则左侧尊于右侧。

如果是八仙桌，正对大门一侧的右位为主客。如果没有正对大门，则面东的一侧右席为首席。

家宴首席为辈分最高的长者，末席为最低者；家庭宴请，首席为地位最尊的客人，主人则居末席。首席未落座，都不能落座；首席未动筷，都不能动筷。巡酒时自首席按顺序一路敬下。

如果为大宴，桌与桌之间的排列讲究首席居前居中，左边依次2、4、6席，右边为3、5、7席，根据主客身份、地位、亲疏分坐。如果你是主人，你应该提前到达，然后在靠门位置等待，并为来宾引座。如果你是被邀请者，那么就应该听从东道主安排入座。一般来说，如果你的老板出席的话，你应该将老板引至主座，请最高级别的客户坐在主座左侧位置。招待对象的领导级别非常高的除外。

等大多数客人到齐之后，将菜单供客人传阅，并请他们来点菜。如果是公务宴请，你需要留心预算的问题，要控制好预算，就要多做饭前功课，选择合适的酒店档次，这样客人也能大大领会你的预算。

一般来说，如果是你来埋单，客人也不太好意思点菜，都会让你来做主。如果你的老板也在酒席上，千万不要为了表示尊重他，或是认为他应酬经验丰富，酒席吃得多，而请他来点菜，除非是他主动要求，否则，他会觉得不够体面。

↙7

定期清除人脉关系中的"杂草"

管理学大师德鲁克说："清理你的人脉就像清理你的衣柜一样，将不合适的衣服清出衣柜，才能将更多的新衣服收入衣柜。"人的精力有限，我们不可能把全部时间都用在处理人脉上。一些终日忙于应酬的人，在酒桌上说着言不由衷的话。但你仔细观察一下酒桌上的人，你会明白，都是一些酒肉朋友，大家在一起不过是为了解闷的。事实上，对我们无意义的应酬能推则推，对我们毫无意义的朋友，该清除就清除。

人脉不是越多越好，就像读书一样，你读的好书越多，你就进步得越快。你的好人脉越多，你的运转就越是良性的。人脉中不但有精英，有良师，有益友，也有损友。在交往的过程中，这些人的劣性会慢慢显现出来。有的人贪功好利，有的人品质败坏……人脉中掺杂过多的杂草，你难免就要和这些人打交道，既浪费精力，而不好的人脉还可能把你的生意彻底搞砸。所以，学会找出人脉杂草，把你的人脉网充分运转起来。

那么，到底哪些人是你人脉中的杂草呢？有人会认为没本事、没有利用价值的就是杂草，自然就不要留在自己的人脉网之中了。也有人会认为，朋友不一定什么时候就能用上，看门的老大爷可能还认识布什呢。其实，我说的人脉杂草并不是指这些看似没本事的人。

几乎在任何组织里，都有几个难弄难搞的人物，他们存在的目的似乎就是为了把事情搞糟，把自己搞臭。最糟糕的是，他们就像果箱里的烂苹果，如果你不及时处理或把它丢掉，它就会迅速传染，把其他苹果也弄烂。对于这些人来说，他们并不希望自己能帮得上任何人的忙，他存在的弊永远大于利。这样的人，就是你人脉中的杂草。至于那些以坑蒙拐骗谋生的人，想都不用想，赶紧从你的朋友名册上把他们删除掉吧。

一个正直能干的人进入一个混乱的部门，可能会很快被吞没，而一个无德无才者能很快将一个高效的部门变成一盘散沙。破坏比建设容易，你辛苦种了一年的菜地，野猪可能5分钟内就毁掉了它。

有的人明明品质恶劣，狐朋友狗友也有一大堆，因为彼此间有利用的价值。但这样的朋友不是良性人脉，你可以利用他，他也可以利用，搞不好哪一天，不知不觉把你也拖下水。如果你是有一个有长远打算的人，那么，最好把这些品质恶劣、不干好事的朋友当做人脉杂草，从你的人脉网中清除吧。

此外，以下这些朋友，你也要考虑一下是否可以从你的人脉网中清除，以便把你从繁忙的应酬中解脱中来。

(1) **和你完全没有共同语言的人**

人都有自己的生活，如果朋友所追求的生活和你追求的生活格格不入，毫无共同点，而你们又非同事或同行关系，维系你们感情的东西就几乎不存在了。那么，对这样的朋友，我们实在没有再交往下去的必要。

小李有很多朋友，甚至小区的保安、保洁的阿姨，他都能来往。别小看这些小人物，小李平时有什么事，跟他们招呼一声，也能解决不少急事、难题呢。有一次，一个朋友请小李去赴宴。酒宴上得知，原来这个朋友的朋友有事，想求小李帮个忙。席后，小李对朋友说，这事看在你的面子上，我可以帮。不过，我跟你说实话，你这个朋友我不喜欢。

朋友不解地说，你这个人，连看门的老大爷都能一起喝酒，我这朋友体体面面的，你倒看不上眼了？小李笑了，说，你这朋友，跟我们不是一条道上的人，虚伪，不仗义。江山易改，本性难移！我的朋友中没有这一号！

(2) **看不起你的人**

生活中总有一些人认为自己的身份地位或条件好过你，而不愿意和你交往。对这种人，他们只会在你发达之后才会反过来巴结你。但事实上，他们帮不上你什么忙，和他们合作，还要小心被算计，很不划算。

(3) **完全依赖和利用你的人**

虽然你不愿意承认，但事实上，那些完全依赖你，比如月底没钱了马上就找你借，却有借无还的；房子到期要搬家了，大老远把你叫过来只为省两百块搬家费，过后却对你毫无表示。你从心底确实不想和他们再来往了，但却苦于找不到理由。因为他们会对你付出极大的热情，然而，热情背后的目的却让人极度不舒服。虽然你实在不好意思跟他们绝交。但该断则断，你的朋友可以很差劲，但是把你当成垫背的，却丝毫不想付出的，别说他只是你的朋友，就是你的爱人和父母，你也不会同意自己被如此利用。

(4) 利用完你就走的人

他们会在需要你的时候甜言蜜语，一旦达到个人目的，便翻脸无情。这样的人，不要再跟他们计较以前的得失，赶紧把他们踢出你的人脉圈吧！

(5) 对你毫无帮助的人

我说的毫无帮助的人，是指不仅生活中毫无帮助，甚至在精神上也不能给你一点儿鼓励的人。他们既不是你的朋友，也不是你的潜在客户。他和你想的不一样，玩的也不一样，做事的方向也不一致。让我们来看看小佩和小奇的朋友圈：

小佩和小奇从同一所学校毕业，一起参加了工作。小佩工作之余进修，结交了一批好学上进的朋友。几年之后，小佩由当年的灰姑娘变成了大公司的小白领。小佩除了原来那些好友之外，又加进了不少新朋友，他们是各行各业的佼佼者。小奇爱美，每天和同事聊的就是服装、化妆品。后来，又结识了一些和小奇趣味相投的朋友，和小奇一样，这些朋友除了服装、化妆品之外，对小奇实在没有更多的帮助。

我们看到小佩在上升，小奇却原地踏步。小佩虽然和小奇一起出校门，一起找工作，但现在小佩和小奇已经很少来往了。也就是说，小佩已经把小奇清除出了自己的人脉圈。如果小佩继续和小奇来往，那么，小佩就要付出精力听小奇说那些服装、购物之类的事情。我们的精力实在有限，既然大家都各有自己的生活圈，那就不如各自分开吧。

(6) 从来不给你建议的人

有一家小公司要进行人员调整，老总把公司最爱管"闲事"的小于升为秘书，把原来的秘书小汪辞退了。

有人不解地问老总："小汪平时挺会办事的，为什么要把他辞退呢？"老总叹口气说："他跟了我两年了，没有给我提过一个意见或建议，只会随声附和，难道我从来都没有说错过一句话、做错过一件事吗？连刚来的小吴都向我提过建议，对一点意见都不给我的员工，我留之何用？"

老总的话可谓不无道理。哪怕你一无是处，至少关键时候，你给朋友一点儿有益的建议，一点儿好心的提醒。大家在一起久了，没有帮助，也有感情。生气时还能吵吵架，顶顶嘴。对一个对你毫无帮助或只知道奉承你的人，实在没有交往下去的必要。

需要注意的是，我这里只提倡清除人脉中的杂草，对杂草的定义绝对不是他们能否给你带来真正的好处。如果他们是一群可爱的朋友，那么，即使对你的事业毫无帮助，你也应该感谢他们给你的关心，并珍惜这份友情，哪怕只有一面之缘，你也不应该放弃真心对待你的朋友。

有好多人在取得了一定成就之后，就把那些曾经帮助过他现在却再也用不上的老朋友忘记了。这是不妥当的。你的为人在这些老朋友心中不禁打了折扣，如果他们在这一行人脉也很广，你很快就会臭名远扬。不管是为了那份友情，还是为了自己的良知和名声，对帮助过我们的人，请一定不要忘记。

8

"微"时代，如何通过网络改造你的人脉

有一个朋友，业余时间喜欢上网。他有一个博客，经常把自己在商场上的"实战"贴在博客上。就这样，他结识了一个很谈得来的网友，两个人经常就对方的文章进行评论，以文会友。一来二去，两个人就从网上谈到了网下，一见如故。交往了一段时间，这个网友觉得朋友有能力，人品也不错，就让他到自己的公司去任职。

如今，网络可以说是一片新的天地。你可能是公司的一个白领，平时没有时间去交朋友，更别说和朋友每天吃饭、聊天。但是，有了网络，轻轻点击鼠标，你就可能和来自五湖四海的朋友聊天、交流，我们甚至可以

通过网络聚集人气，增加自己的知名度。

让我们来看看中国网络文学的"三驾马车"是如何通过网络成名发财的吧。

李寻欢、宁财神和邢育森，新一代网民已经对他们的名字陌生，十年前，他们被誉为"中国网络文学三驾马车"，他们见证了中国第一代原创网络作家的时髦和荣光。1999 年前后，中国互联网飞速发展，痞子蔡的《第一次亲密接触》引进出版，从海峡彼岸刮来一股网络文学旋风，媒体开始炒作网络文学概念。李寻欢、宁财神、邢育森并称网络"三驾马车"。

借助网络，查缺补漏，打造最强大的人脉，你的人脉就能价值百万。如今，"三驾马车"己乘着当时的盛名，纷纷转行，做书商或做编剧。互联网世界熠熠生辉的名字，如今都成为有房有车的"成功中年"。回首当年，李寻欢说："那时在西安，我的人气不比今天韩寒差。"宁财神说："如果放在十年后的现在，我们几个都出不来。"邢育森说："那是一段快乐和自由的时光。"

诚然，他们是借助了新兴的网络媒体，使自己的才华在瞬间迸发。网络进代，信息瞬间万息，目不暇接，蕴藏着无限的人脉资源和商机。如果你能够炼就一双慧眼，就可能从网络中发现商机，让自己成为网络红人，一本万利。以前我们不相信一夜成名、一夜暴富，但在网络时代，一切都有可能。

网络上的交流因为文字关系，有一定的隐蔽性，但这并不妨碍我们交流。也正因为如此，脱去了现实的外衣，网上的交流更注重来自心灵的感觉，找到我们在现实中不容易找到的知心朋友。

网购已经居为年轻消费者的主要方式，网络商机，也是现代网络最诱人的一部分。网络赚钱，需要聚集你的网络人脉资源。因为你的客户都来自于网线那一端的网民，所以，网络已经成为我们寻找人脉的最重要的手段之一。

网络时代，除了利用网络展示自己的才华和发现商机、进行沟通之外，网络把整个地球联系在一起，使我们处于地球村之中。

通过网上个人空间来结交朋友不仅是一种潮流，还是一种有效的人脉管理方法。通过网上个人空间，可以瞬间让全国乃至全世界每一个角落的人知道自己，可谓是一种独一无二的宣传手段。而且最为特别的是，这个宣传工具绝对不会受到时间和地域的限制。

在互联网上，不管男女老少都可以在任何时候任何地方与和自己有着共同爱好兴趣的人相互交流，共同分享各种信息。你可以很容易就和对方变得亲近，成为朋友，不用考虑你给对方提供的信息是否有价值等问题。

志趣，是网络友情的基础。如同现实一样，网络友情也有阳春白雪和下里巴人的区别，既有酒肉朋友，也有精神知己。只有建立在高雅、纯粹的精神享受之上的网络友情，才最符合网络自身的特点，也只有它才能够达到长久维系、根深叶茂、风雨常青的地步。

沟通，是维系网络友情的条件。在网络交友中，由于地域关系，大家都来自天南海北，齐聚网络，但却没有生活的实际接触，维系友谊的渠道只有文字、声音、视频等，这种沟通更需要保持一定频度，不然，网络友情很快就会发生转移，甚至消失。

网络友情，是现代科技为我们提供的一种新的情感交流形式，它的出现改变和丰富了人际交往的模式，甚至成为我们现代人交友、沟通交流的第一选择和媒介。积极运用网络能扩大自己的交际圈子，获得友谊，捕捉商机，从而赢得事业的发展。

第七章

DI QI ZHANG

再伟大的交情，也要拿捏好尺度
——伤什么都不要伤了别人的面子

话要怎么说才圆滑无碍？事要怎么做才滴水不漏？人要怎么处才八面玲珑？很多人之所以一辈子碌碌无为，就是因为不懂得这些。所谓人情世故，并不是教我们违心、虚伪、奸诈地迎合别人，钻空子、占便宜，而是告诉我们在善良、真诚、宽容的基础上，做事要掌握分寸，谨言慎行。只有做到这些，我们的人生才会少走很多弯路。

↙ 1

不要显得比别人更聪明，
否则你将是这个世界上最傻的人

聪明，本是一件好事，但是如果你觉得自己聪明，于是处处显露自己的聪明，在别人面前表现自己的聪明，那你就太傻了。19世纪英国政治家查士德斐尔爵士曾告诉他儿子："你要比别人聪明，但是不要告诉人家你比他更聪明。"这句话非常有智慧。

为什么既要比别人聪明，又不能告诉别人你比他更聪明呢？这是因为人性的本能是希望自己更出色，如果一个人发现身边有个比自己更聪明的人，那么他就无形中被衬托得不如你。试问，谁希望自己不如别人呢？

有一位年轻的女律师参加一个重要案子的辩论。在辩论中，法官对年轻律师说："《海事法》追诉期限是6年，对吗？"年轻律师愣了一下，然后直截了当地说："不，《海事法》没有关于追诉期限的规定。"

法庭内马上安静下来，气氛似乎降到了冰点。尽管年轻律师的回答是对的，但是法官并不高兴，反而脸色铁青。尽管最后法律站在律师这边，但年轻律师却当众表现得比一位声望卓著、学识丰富的法官更聪明，这对她日后的发展并不利。

毫无疑问，这位律师犯了"比别人聪明"的错误。她在指出别人错误的时候，为什么不能更委婉一点、更高明一点呢？要知道，不少人都有武断、偏见的毛病，不少人还自负、固执，他们不愿被别人当众指出错误，不愿意接受别人比自己更聪明的事实。所以，说话太老实并不明智，因此要学会委婉。

曾有一位先哲说过："如果你要得到仇人，就表现得比你的朋友优越吧；如果你要得到朋友，就要让你的朋友表现得比你优越。"这句话非常有道理，因为当我们比别人表现得更优秀、更聪明时，别人就会被比下去，就会产生一种自卑感，进而对我们产生嫉妒；而当别人表现得比我们更优越、更聪明时，他们就有了一种"重要人物"的感觉。

如果你在与人交往的时候，总能让别人从你身上找到一种优越感，获得一种自信和一种重要人物的感觉，那么别人一定会喜欢和你在一起，喜欢和你交朋友。与此同时，如果你能隐藏自己的实力，让对方在不经意间发现你的真实才华，那么别人心里会暗自佩服你，从而更加欣赏你。所以，有实力但不要轻易表现，聪明但不要随意张扬，这是一种做人的智慧。

我们要时刻记住，人都是有攀比心理的，关键是不要凸显自己的高人一等，而要善于把光彩让给别人，这样才能换得别人的认同、支持和帮助。否则，你只会失道寡助，在职场中郁郁不得志。

举个例子，公司来了一位女员工，毕业于名牌大学，自认为学历高，口才好，爱表现自己，不把别人放在眼里。结果呢？大家都看不惯她，不喜欢她。不到一个月，连续碰了几颗钉子，刚进公司时的那股"舍我其谁"的锐气，也被磨得差不多了。这才一点点变得低调起来。

总之，表现得比别人聪明，只能逞一时之快，而得不到长久的认同和支持，还会给自己埋下人际关系的祸根，完全得不偿失。所以，说话不要太直接、做事不能高调，必须牢记下面几点：

第一，正视自己与他人。

无论你在某方面是否有过人的天赋和才华，都没必要自傲自大，要知道"天外有天，人外有人"。因此，聪明的话还是赶紧调整心态，正视自己与他人的实力对比，保持低调谦逊的态度。

第二，适当地收敛自己的锋芒。

也许你真的有几把刷子，但如果你不懂得收敛锋芒，在职场上也是难以立足的。因为锋芒太露容易没饭吃，容易无形中把别人比下去，容易招致别人的反感。所以，你应该认清形势，分场合、有选择地收敛锋芒，这样才能更好地在职场前进。

第三，允许不同意见的存在。

在日常交往中，很多问题都是仁者见仁、智者见智，根本没有正确的答案，因此，对于别人不同的意见，你没必要和对方争辩出谁是谁非，不妨包容别人的观点，欣赏别人的观点，允许不同意见的存在，这样才能更好地与人沟通，建立良好的人脉。

↙2
再伟大的交情，也要拿捏好尺度

"再伟大的交情，也要拿捏好尺度"。这是一种智慧的处世哲学，意思是说为人处世的尺度要把握好，给彼此都留一些余地。不管做什么都要掌握好分寸，适可而止，不可太过。若苦苦相逼，把一件事或一个人逼到了悬崖边，那对双方都不是什么好事。凡事不做绝了，留一丝回旋的余地，在未知的道路上将会更加安全和稳定。

我们在生活中，唱的并不是独角戏，需要和各种各样的人打交道。分寸得当、见好就收的处事方式，给了对方或某事转机的余地，这也是一种宽容。这样做，有利于我们为自己的人生价值观设置一个标尺，这对于处在残酷社会中的我们来说尤其重要。无论是做人还是做事，学会见好就收，因为留有余地，才有足够的回旋空间。

给人留下余地，就是给自己留下余地。若一味把人逼到死角里，就算赢得了胜利也不一定是好事。你怎么对待别人，别人也会用同样的方式对待你，因此留一丝回旋的余地，既是宽容大度的表现，也是维护人际关系的必要手段。就像走马行车一样，如果一下子走到山穷水尽的地方，想要再调头就不容易了。因此，为人处世分寸得当，才能做到进退自如、游刃有余。

《坠入地狱》是英国当代雕塑家安尼什·卡普尔的作品，当时，安尼什就凭借这一雕塑一举成名。

有一天，英国一名记者采访了安尼什·卡普尔。这位记者在工作外，也是一个雕塑爱好者，在聊了一阵后，他向安尼什·卡普尔请教怎样才能塑造出一个完美的作品。

安尼什·卡普尔笑着说："其实根本没有什么秘诀，根据我个人的经验来讲，要当好一名雕塑家，要塑造出一个好作品，只要做到两点就可以了：一是要把鼻子雕大一点；二就是要把眼睛雕小一点。"

记者对这个答案感到很迷惑，于是不解地问道："这是为什么呢？而且鼻子大眼睛小的话，那雕出的人像岂不会很难看吗？"

安尼什大笑起来，解释道："因为鼻子大眼睛小，才会有修改的余地啊！如果鼻子大了，就可以往小里修改；如果眼睛小了，则可以雕刻得大一点。反之，如果一开始就把鼻子雕小了，便无法再加大；而眼睛如果雕大了，要想再改小可就太难了。"

记者笑了笑，顿时明白了留有余地的智慧。

其实仔细想想，安尼什留有一丝余地的智慧，在做人做事上也可以很好地体现。也就是说，为人处世，分寸得当，给自己和他人留一丝回旋的余地，话不说满、事不可做绝。这既是一种美德、智慧，也是一份情怀。

遇事拿捏分寸，留够余地，也是给自己留一条后路。这是做人处世中很关键的一个策略，也是一种审时度势后的思想升华。余地和后路每个人都有，但不见得每个人都能够为自己留出来。这一条后路，既是一种保全自我的策略，也是一个再生的机会。

一个善良之人往往能替别人考虑，因此也时常为他人留下余地，虽然可能会因此失去一些金钱或名利，但最终却获得了比金钱更重要的感恩之心。我们应当灵活地处理事务，给人或事留有余地，不论在什么样的情况下，都不要把人和事往绝路上推。如果能够做到这一点，对自己来说结果一定是好的。

在一个深夜，科朗先生加班回来。突然看见自己门口有一个人在东张西望，另一个在撬门锁。科朗先生毫不犹豫地拨打了报警电话，就在这两个小偷被押上警车的一瞬间，科朗先生发现他们都还只是孩子，其中小的一个仅有10岁。

经过法院审判，他们本应该被判半年监禁，但是科朗先生于心不忍，觉得这事还有回旋的余地。于是向法官求情道："法官大人，我请求您，让他们为我做半年的劳动作为惩罚吧！"

经过科朗先生的再三求情，陪审团最终通过了请求。科朗先生把他们带回自己家里，像对待自己的孩子一样友好地对待他们。不仅教他们学习，还和他们一起吃饭劳动，讲做人的道理。半年后，两个孩子不仅身体强健，还学会了各种技能，而且他们已经不愿离开科朗先生了。科朗先生说："你们还年轻，应该有更大的作为。"

很多年后，两个孩子一个成了一家大公司的经理，另一个则成了大学教授。而且每年的这个时候，他们都会赶来与科朗先生聚在一起。

科朗先生本可送他们去监狱受惩罚，但是他没有这么做。凡事不可做绝，见好就收，留一丝余地比较好。于是科朗先生在解救了他人的同时，也成就了自己。

相反，如果科朗先生没有这么做，而是把孩子送进监狱，那么半年后他们出来还是小偷，说不定还会向科朗先生报复。做事不留余地，那么以后遭灾的也许是我们自己。

人在社会，无论是做人还是做事，都要学会拿捏分寸。话不可说满，事不能做绝，留一些回旋的余地，才会有足够的弹性空间。分寸这东西，就像一颗潜在的种子，你不知道什么时候开花、什么时候结果，但谁都明白，只要大家达成共识，最终必然都会受益。

↙3
话不说满，要给自己留后路

有些人总喜欢拍着胸脯，给人打包票："放心，这件事交给我了，保证没问题。"他们把话说得满满的，总是一副信心十足的样子。却不知，事情还未开始之前，结果还难以预知，如果最后事情圆满解决，当然是皆大欢喜。如果万一出了差错，事情没办成，就会给人留下话柄，还会给自己带来麻烦，把自己搞得很狼狈。实际上，生活中的很多尴尬，是你自己一手造成的，原因就是话说得太满。

有一个推销员，每次向客户推销产品时，总是信心满满地说："我们的产品是行业中最好的，绝对没有问题，其他厂家的产品不如我们的产品，千万不要买……"这种推销方式并没有为他赢得多少订单，大家反倒觉得他话说得太满，总觉得他在吹牛，因此，反感他的推销。

有一个人，面对朋友的求助时，他拍着胸脯说："交给我吧，我明天准能给你办好。"可是到了第二天，他没有一个音讯。朋友着急，就打电话找他问事情办得怎样了。没想到，他支支吾吾地说："这件事办起来有些难度……"要知道，这件事非常紧急，朋友听他那样说，才把希望全压在他身上，也没有另找他人，可现在他一句"这件事有些难度"，让朋友陷入非常狼狈的境地。

有一个人下班时，坐同事的顺风车回家。为了早点回家，他怂恿同事抄近路、违规绕路，并信心十足地说："你放心，这条路绝对不会有警察，我在这里住了20年，经常从这条路上走，从来没看见过警察……"可是话未说完，就发现警察出现在前方。

有一个员工，在公司召开产品销售会议时，自信地表达了自己的想法，他对领导信誓旦旦地说："我以前用这种方法销售过，效果非常好，我敢保证，如果公司采用我这种方法推销我们的产品，一定可以使销售额翻一倍。"公司领导见员工说得有鼻子有眼的，心想：他之前肯定有这类经验。于是，领导采用了他的营销计划。结果，产品在营销过程中出了问题，公司陷入了困境之中，而这位员工则灰溜溜地辞职了。

……

把话说得太满，往轻了说是自信过了头，做事太高调，往重了说是做人不诚信，说话不算数，欺骗、忽悠，是人品败坏的表现。作为男人，谁愿意得到这样的臭名呢？把话说得太满，得罪了客户，欺骗了朋友，损害了公司的利益，最终影响了自己的前途和声誉，损害了自己的人际关系，这是你希望看到的结局吗？

不知道你是否有炒菜的经验，在炒菜的时候，很多人都有一个习惯，那就是先少放盐，待菜快熟时，尝一下菜的咸淡，如果味道淡了，再加一些盐，以保证菜味可口。如果你一开始就放太多盐，一旦味道咸了，就再难以改淡了。说话其实也是如此，俗话说得好："人情留一线，日后好见面。"话不要说得太满，留些余地，日后方能进退自如，轻松从容。

当别人请你帮忙时，不要信誓旦旦地许诺什么，特别是在朋友之间。因为说出诺言很轻松，但办事并不容易。如果日后你无法兑现承诺，就会导致朋友对你失去信任，并且给朋友日后的交往带来障碍。

当然，你也可以承诺，但前提是你一定要考虑清楚自己兑现承诺的能力。任何时候，都不要仅凭一时头脑发热或主观愿望去承诺。要知道，虽然你的承诺是那么动听，可以满足对方一时的心理需求，但如果美丽的诺言无法兑现，你将一人吞下苦果。

"话不说满"不仅是给自己留余地，有时候也是给别人留面子，不让别人为难。比如，当别人求助你时，你说："我试试看，一定尽力而为。"这样就能让对方感到有些希望，有利于稳定对方情绪，也有利于融洽彼此的关系。如果你把话说满："帮不了，你找别人吧。"对方遭到你的拒绝，很可能会失望、沮丧，甚至对你有怨言，不利于你维护良好的人际关系。

气球里面有空间，才不会轻易爆炸；杯子留有一定的空间，液体才不会轻易洒出来。说话也是如此，留有一定的空间，才能避免把自己架在高处下不来，没有退路，空有尴尬。举个例子：

当上司征求你的意见时，你话不说满，模糊表态，在你发表个人意见之后，不忘加一句："这仅仅是我个人的想法，还要看领导最终的决策。"这样，事情办成了大家都开心，但如果出了问题，你也不会被视为众矢之的。所以说，话不说满，留一些空间，有时候是一种生存哲学，是一种明哲保身的智慧。

↙4
即使你不喜欢对方，也要笑脸相迎

一间小杂货店对面新开了一家大型的连锁商店，这家商店有即将打垮杂货店的景象。杂货店的老板忧愁地找牧师诉苦。牧师建议他："每天早上站在商店门前祈祷你的商店生意兴隆，然后转过身去，和那家连锁商店搞好关系。"杂货店的老板照做了。一段日子后，正如杂货店的老板当初所担心的，自己的商店关门了，但因为自己多年经商的经验，和与对面连锁商店全体人员的良好关系，他被聘为了那家连锁店的经理人，而且收入比以前更多。

人际关系的经营也是如此，在我们所认识的人当中，你不可能要求人人都喜欢你，你也不可能喜欢每一个人，甚至会十分讨厌某一个人，看到对方就让你心里不舒服。但是人际交往的规则告诉我们，要想得到更多的朋友，就要尽量减少敌人的数量。所以，即使是面对你不喜欢的人，也要笑脸相迎，说不定在你的感化之下，对方也能够成为你关系网中的一员。

刚刚毕业不久的王玮，找到了一份不错的工作，工作环境、同事、待遇，各方面都让他很满意，唯一让他觉得不好的就是他的舍友。王玮住在单位的职工公寓，宿舍里还有三个人，其中一位舍友就很不好相处。

王玮的这位舍友是几个同事中年龄最小的，但他平时似乎就没有朋友，大家也都不喜欢他。每次他加班，下班回到宿舍时声音总是很响，影响了舍友们的休息。大家都说他人小鬼大，心眼很多，常在人前搬弄是非。他还爱翻弄别人的东西，至于宿舍的卫生，他也总是借故不清理。

虽然都是些小毛病，但矛盾越积越多，慢慢地，王玮的这位舍友就被别人孤立了。平时大家都不爱搭理他，只有王玮还对他笑脸相迎。虽然王玮心里也不喜欢这位舍友，但他想，自己一个人出门在外，多个朋友多条路，再说他也并没有做什么损害别人的事。

他这样做的确是对的，两个月后的一天，王玮险些丢掉这份工作，正是这个女孩在关键时刻拉了他一把。这天，主管突然说前一天的工作出现失误，而工作交接是王玮签的字。正在他一筹莫展的时候，平时不讨人喜欢的这位舍友出来证明责任不在王玮，并和主管据理力争，最终查明了事情的真相。

很多人在面对自己不喜欢的人时，要么嗤之以鼻，要么恶语相加，总之没有好脸色。然而这样的做法不管是对你的事业还是生活来讲都是非常不利的，聪明的人应该明白这点的重要性。那么，我们该怎样与自己不喜欢的人相处呢？我们可以从以下四个方面入手：

第一，把自己当别人。

即用平常心看待自己的得失荣辱，不要意气用事，也别让自己的不良情绪影响到周围的人。很多人非常在意自己的荣辱得失，稍有不如意，就对周围的人摆脸色，甚至会殃及一些不相干的人。其实认真考虑一下，你不喜欢某个人，是不是因为这个人曾经指出过你某些不足的地方？有些人心胸就是狭窄，总是对指出自己缺点的人耿耿于怀，其实大可不必，你应该感谢那个让你看到自己缺点的人。

第二，把别人当自己。

这一点在人际交往中是很重要的，如果一个人能够始终站在对方的立场上想问题，才能急别人之所急，做人千万不要老是以自己的标准来要求别人。我们每个人的遗传特质、对未来的追求，以及成长的环境都是独特的，这就造就了每个人都有自己独特的对待事物的态度、行为方式和独特的人格。我们在和他人交流的过程中，如果只看到对方的行为、性格与自己的不同，那么就会因小失大，失去很多交友的机会。因此，在社交中我们也要学会求同存异，换位思考，遇事多理解他人，用宽容、不计较小得失的方式来对待他人，多为他人着想。发生了什么问题，首先要从自身找原因，看看是不是自己某些方面做得不够好，那么我们就可以以良好的心态对待他人，就算是面对自己不待见的人，也能够和平相处。

第三，把别人当别人。

即尊重别人。人与人之间是需要相互尊重的，哪怕你不认同对方的观点，比喜欢对方这个人，也要给对方最起码的尊重，不干涉对方的隐私，不冒犯对方的私人空间。在人际关系中，十分常见的一个原理就是"作用力与反作用力"原理，说的就是你怎样对待别人，别人就怎样对待你。你尊重他，他也会尊重你。

第四，把自己当自己。

即在自知的基础上建立起自尊和自信，扬长避短，更成熟地与别人相处。现在很多人做事的方式总是略显幼稚，尤其是年轻人，一直停留在小时候的交友习惯上，要知道，你今天与之擦肩而过的"路人甲"，很有可能会在今后帮上你的大忙。所以，既然已经踏入社会，就要学一学方圆的处世之道，今后再面对自己不喜欢的人，你就知道该怎么做了。

正所谓"人无完人"，每个人都有着或大或小的缺点和不足，很多时候，朋友之间就是用来取长补短、弥补不足的。所以，我们没有必要排斥自己不喜欢的那个人，试着每天给对方一个微笑，学会换位思考，多为对方着想，总有一天，你会为此获得友谊。

5

说话看情况，别"哪壶不开提哪壶"

俗话说："哪壶不开提哪壶。"指的就是不会看场合、分对象说话，比如，戳人伤疤、揭人短处，在喜庆的场合说丧气的话，在丧气的场合说喜庆的话，在吃饭的场合说龌龊的话，等等。哪壶不开提哪壶是不妥的，是失礼的，是不尊重他人的，是很容易得罪人的。如果你不信，可以试一试，不被人骂得狗血喷头、怒目而视算你幸运。

失恋的时候，人的情绪反应强烈，内心痛苦不堪。这不，高博的一个朋友最近失恋了，情绪特别低落，于是他劝慰朋友说："失恋就失恋，没什么大不了的，何必在一棵树上吊死呢！"朋友听了这话，当即拍桌子对他叫道："你别站着说话不腰疼，又不是你失恋，你在这里瞎嚷什么？"高博一下子惊呆了，因为平时他的这个朋友非常温和，他想不通朋友说话为什么变得这么粗暴。

站在一旁说风凉话，这是安慰人吗？谁听了不生气呢？一个说话不看情况的人不仅可悲，更是可恨，可悲的是他一生很难有真正的好朋友；可恨的是，揭人伤疤，戳人痛处，让人勾起一段不快乐的回忆。

张亮精心准备一个星期的企划案被上司"枪毙"了，原因不是他的企划案不精彩，而是因为他的企划案和另一位竞争对手的企划案太相似。上司怀疑张亮抄袭别人，或模仿得太像，所以，狠狠批评了张亮，还以张亮为反面教材，警告大家今后一定要有创新思想。

一周之后，李娜因为新的企划案正在发愁，就请教张亮："张亮，上次你的那份企划案的创意是怎么来的……"她的话还没说完，张亮就打断了她："你给我闭嘴。"一时间，大家都很尴尬。

没有谁希望别人揭自己的伤疤，相信你也不希望这样，所以，"己所不欲，勿施于人"。对于别人不愿意提起的事情，不要"一根筋"地问；对于别人忌讳的话题，不要"死心眼"地说；对于别人的缺点，千万不要当众指出。否则，你不但会伤害别人，还会失去朋友。

总而言之，千万要记住一点：说话看对象、分场合、看情况，别哪壶不开提哪壶。为此，需要注意下面几点：

首先，说话要强调场合意识。

说话看场合，说适合场合、氛围的话，才能让人喜上眉梢。说与场合、气氛相悖的话，就会让人怒火中烧。比如，在寿宴上，不要说卖保险的事；在婚宴上，不要谈离婚、婚外情等话题；在丧礼上，不要嘻嘻哈哈开玩笑……否则，你只会遭人白眼，招人反感。总之，说话要分场合，在轻松的场合可以幽默一点，在严肃的场合，说话要严肃认真。

其次，说话要强调环境因素。

所谓的环境因素，就是你在什么地方，说什么话。比如，在饭桌上，就说美味佳肴，说能激起大家食欲的话题。在厕所里，就别说吃饭类的话题，否则，就有失大雅。

中国人很热情，两个熟人碰面了，不管在什么场合，都会问候一声。多半是问："吃饭了吗？"尤其是在餐前餐后，使用这句问候更频繁。

有个人在洗手间里碰到一个熟人，对方正从里面出来，他张口就问："吃饭了吗？"

对方答道："刚吃过了，你呢？"

"还没呢，马上就去吃。"

很简短的对话，却给人非常不雅的感觉。这就是典型的说话不看环境的表现，我们在这一点上要特别注意，否则，会给人没教养、不文明的印象。

再次，说话要看具体的情况。

别人心情好的时候，你怎么开玩笑，哪怕开玩笑骂他，他也不往心里去；别人心情不好的时候，你还嘻嘻哈哈，说话没轻没重，别人就可能跟你急。这就叫说话看情况。不注意这点，也很容易得罪人。

张悦和刘梅是好朋友，平时爱逗闷子。比如，几天没见，见面后来一句："你还没'死'呀？"对方也不计较，回一句："没呢，等着你给我送花圈呢！"然后两人哈哈一笑，感觉特别轻松。

有一次，张悦病重住院了，刘梅去医院看望她，见面后想逗逗她，又说："你怎么还没'死'啊？"这一次，张悦变脸了，生气地说："你给我滚出去，快点滚。"然后，把她赶了出去。

试想一下，人家正重病在床，心理压力很大，心情也不好。这个时候，你对她说"死"，显然是没有分清情境。尽管你们平时关系再好，再怎么开玩笑，这个时候你也不能乱说话。这个事例充分说明，说话看具体情况是非常重要的。

↙6
别人的隐私，要么拒之门外，要么烂在肚里

在同一间办公室里，和你关系不错的同事有一天出卖了你、泄露了你的隐私，这时候你的心情会怎样呢？你会假装事情没发生一样，继续和对方交往，还是和对方一刀两断，从此老死不相往来呢？

王颖和李娜是一间办公室里的同事，两人关系还不错。一天，王颖犯了个小错，被上司批评了一顿。下班之后，王颖和李娜一起离开公司，在路上她忍不住把憋在心里的对上司不满的话发泄出来，还将上司的一些小秘密捅了出来。李娜听完只是一个劲地点头称是，安慰王颖别难过。

第二天中午，公司召开例会，上司很生气地不点名地批评道："公司有员工在背后议论上司没有领导能力，不体谅员工，还私下给我制造绯闻……我希望大家不要在背后这样做，如果不想干了，随时可以走人……"

王颖听到上司这番话，心里全明白了，这不明摆着是同事李娜打了她的小报告吗？

李娜就是职场上的"告密者"，这样的人喜欢以讹传讹，背地里说别

人坏话，打小报告。如果遇到王颖这种同事打小报告的事情，最好装作不知道。之所以假装不知道，是因为一旦事情说破，一来对方肯定不承认，二来两人关系僵化，整天在一个办公室抬头不见低头见，两人都会觉得别扭，会影响正常工作。但同时不要和这样的同事走得太近，要对他提高警惕，尤其说话要小心，避免再次被陷害。

一般来说，泄露隐私的"告密者"有两种：一种是"暗针儿"，就像上例中说的那样。领导一般不会针对员工打的小报告去追问当事人，所以，当事人往往会对领导突然冷淡的态度感到莫名其妙，茫然不知所措。

还有一类，属于"明针儿"。指的是当着当事人的面或有人在场时，直接向领导反映"问题"。这样做需要很大的勇气，效果也比较明显，优点是当事人可以针对"问题"进行解释，可以把问题更加明确化。可以说，这种告密者比较光明磊落。通常，职场上"暗针儿"占绝大多数，面对这种情况，难道我们该默默忍受吗？其实不然。

李祥毕业于北京的一所重点大学，之后他在人才招聘会上凭借自己的实力，一路过关斩将，好不容易才进入一家事业单位。可是进入单位之后，李祥明显感觉到老同事们对自己不认可，这究竟是怎么回事呢？

原来，单位里的老同事大都认为李祥能进这样的事业单位，肯定是靠关系，能力是其次。所以，大家不怎么把他当回事。一旦李祥犯了点小错时，同事总会在领导面前添油加醋。李祥原本是个老实人，但是经历接二连三的小报告之后，他已经忍不住了。他想：这些人一定是欺软怕硬，喜欢欺负软弱之人。于是，当他再次被打小报告时，他大胆站了出来，据理力争，最后压住了场。从那以后，再也没有人暗中"刺"他。

在职场中，有一种人喜欢干"欺软怕硬"的事情，你越老实，他们越欺负你。因此，当你不幸被加上莫须有的"罪名"时，你有必要压住自卑心理，勇敢地举起维权的旗帜，在事实的基础上据理力争，让那些捕风捉影的"告密者"无以遁形。

你也可以采用旁敲侧击的方法，把情况点出来，让"告密者"同事反思和内省。比如，你主动约那位"告密者"同事面谈，在轻松的环境下漫不经心地说："有人在背后打我的小报告，有人说是你说的，我觉得这是胡说。"这样既是警告那位"告密者"同事，也是在提醒他："我对你有所提防，你以后小心点。"这样既不伤和气，又可以有效反击"告密者"同事的小人之举。

当然，你还可以防范"告密者"的同事，比如，在那些打"小报告"的恶人告"黑状"之前，主动、客观地向领导汇报事情的经过，把一切摆到桌面上公之于众。这样一来，那些"告黑状"的人用来陷害你的不实之词也就不存在了。

很多人生来感性，遇到不开心的事情，比较愿意向别人倾诉。尤其是老实巴交的人遇到了感情纠葛，更不想憋在心里。但是切记，千万不要随便和同事分享隐私。否则，吃亏的是自己。

↙7
说话口无遮拦，无异于拿自己的前途当赌注

很多人在人际交往的时候，都本着与人为善的态度，如此诚恳，无非是想与人保持和睦。可是常言道祸从口出，人心难测。在现代社会，说话口无遮拦，无异于拿自己的前途当赌注。

真诚坦率、快人快语是人的美好品德，但社会并非如此单纯，所以坦诚交心和无所不言难免会被一些人利用。俗话说：逢人且说三分话，未可全抛一片心。特别是在交情比较浅的人面前，要切记这一点。这不是狡猾要诈，而是在生活和工作中堆积出来的经验，也是保护自己的一种办法。

江湖险恶，在人际交往中务必要小心谨慎，在不了解对方的前提下，不要轻易地亮出自己的底牌，在一定程度上要相对保守。尽管我们提倡诚信待人、诚信做事，但是诚信并不是指口无遮拦、全盘托出。恰恰相反，即使是诚信也要掌握技巧和分寸。

一个人若想取得成功，就必须掌握说话的分寸和为人处世的技巧，这样不管做什么都能得心应手，顺利地达到自己的目的。

下班了，小娟还在电脑桌前呆呆坐着，眼圈都红了。

"你怎么了？有什么不开心的事吗？"美惠递过一张纸给小娟，又问了一句："都下班了，你怎么还不回家？"

小娟回答："没事，你怎么也还不走？"

"不着急，家里又没什么事，还不如在办公室待着，心里也舒服些。"

小娟看着美惠，心想：大家都说她不好惹，可是我今天看她却有一种和我一样的落寞感。小娟顿时放松起来，说："要不一起去吃饭吧，我请客！"

饭吃到一半，小娟才说出今天是她的生日。美惠淡淡一笑："生日快乐，其实我的生日也很寂寞。他总是很忙，只会打电话向我道歉……"小娟突然觉得眼前的美惠就像自己的镜子，就忍不住哭了起来，把什么话都跟她说了。

原来小娟喜欢上了一个有妇之夫，她没让任何人知道，如今她觉得美惠和她同是天涯沦落人，便和她成了最好的朋友，什么心里话都告诉她。

没过多久，小娟发现其他同事都用奇怪的眼光看她，直到有一天，陈姐偷偷对她说："你的事大家都知道了！大家同事这么多年你都没说，美惠一来你就全盘托出了！其实她就是个大喇叭，到处跟人说她知道你的私事。"小娟愣了，说："可她不是跟我一样吗？"

陈姐摇摇头："什么一样？她今年才结婚，哪有什么有妇之夫。"

小娟生气地冲到美惠面前说："你为什么骗我？还把我的事告诉别人？"

美惠缓缓地说："别生气嘛！我看你伤心，就想和你交个朋友，我编个故事，还不是为了和你亲近，不然你也不会告诉我你的事啊！"

在职场上，"交浅言深"、口无遮拦是很危险的，也是做事不牢靠的表现，故事中的小娟就犯了这种错误。人生在世，能交上一个知心朋友不容易。有时往往要经过多种考验，多方面了解之后才能确定。所以交友之不易，就决定了交浅不能言深的原则。

语言是人们交换思想的工具，交流时不仅要看对象、看场合，还要看人。话不在多，关键是要说得恰到好处，如果交浅，话且说三分，便不会招惹麻烦，也不易被人欺骗。所以平常要多观察、多思考、少探听、少说话，一方面要"修"，一方面要"练"，具体而论，须做好以下几点：

第一，不在人前炫耀、抬高自己

如今社会，与人相处只要稍微处理不当，就会惹上不少麻烦。轻则令自己不愉快，重则影响事业、前途发展。一个懂得谦卑的人，也必将受到人们的尊重。谦卑处事，也是做人的一项黄金法则。若为抬高自己而不断吹嘘，说话口无遮拦，只会惹得众人厌。因此，不要在人前夸耀自己，更不要抬高自己贬低他人。

谦逊可以说是一项终生受益的美德，而且谦逊不会给人带来太张扬的印象，一个不常炫耀的人才是一个真正懂得积蓄力量的人。

第二，注重内在的修为和智慧

美貌与智慧是我们都想拥有的最诱人的东西。有人说：如果上天怜悯你，它会赐予你美貌；倘若上天眷顾你，它会赐予你智慧。不得不承认，有美貌而无智慧，这是一种遗憾。因此，内在的修为和智慧是我们得道人生的一个大难关。

其实智慧和气质是可以培养的，一个有文化修养的知识青年，大家都会想与之交往。比如说书，书是一种精神遗产，它可以增加一个人的智慧，使人变得聪颖。因此，要做一个有文化素养的人，就要多与书为友。一个有深厚文化底蕴的人，视野也将比其他人开阔，做起事来也会更加成熟、有主见。

第三，不要有太多的抱怨

我们总会听到身边有很多人在抱怨："真无聊！""太烦了！""活着一点意思都没有。"这些抱怨之类的话，不仅不会让人产生同情心，反而会让人有种排斥心理。整天把抱怨挂在嘴边的人，其实是个很自私的人。每个人都有自己的生活，没有人会想听别人抱怨，抱怨只能算是自我发泄、祸害别人的无用功。

一个乐观聪颖的人不会随意抱怨，而是会泰然、乐观地看待生活。抱怨不仅是一种愚蠢的表现，而且太多的抱怨只会让我们性情变得浮躁、不安。人的一生也就短短几十年，若一直带着怨气和悔恨度过一生，岂不是很遗憾。

第四，言辞委婉，不要直言直语

讲话时要讲究分寸，不可伤害他人。不要直言直语，言辞要委婉，这种礼让不是做人处事上的怯懦，而是把无谓的攻击降低到零。凡事要三思而行，说话也不例外。在开口说话之前最好经过一番思考，在确定不会伤害他人感情之后再说出口。

有时候说话切不可太直，不要以为你如实相告了，别人就会感激涕零。要知道，这种无所顾忌、率性而为的行为很可能会伤害到对方。因此，言辞委婉，尽量多考虑别人的感受，这也是一种成熟的处世方法。

↙8
一句"对不起"，可以解决很多麻烦

人常说："女人是水做的。"哪个男人不喜欢如水一般的女人呢？所以，女人如水一般的温柔，是男人最难抗拒的。可遗憾的是，由于不愿"服软"，一些微不足道的小事就可能演变成说不清道不明的"误会"。

在爱情里，争强好胜的做法并不可取。一个男人离开家，只有两个原因：一是外面有什么东西对他有绝对吸引力；二是被老婆的不可理喻逼走。现在有不少年轻的女人在爱情中蛮不讲理，也从来不会向爱人认错。虽然爱情里无需区分地位高低，但无理取闹并不是哪一部分人的特权。而那些过分蛮横的女人，大多数男人都无福消受。所以，女人在犯了错时还是要会示弱，大多数男人的耳根都很软，女人只要低头委屈地说声"对不起，我错了"，他马上就会举手投降。

一句"对不起"的威力是巨大的，它是征服对方的软武器，是以退为进、解决麻烦的策略，可以维护家庭的和谐，可以让大吵大闹的两个人冷静下来，好好地自我反思。

李琦和前妻离婚后，没过多久就碰上了温柔的王欣，两人很快便结了婚。也许在别人看来，他们不是很相配。李琦今年 30 岁，事业有成。王欣只是一个小职工，比李琦小 3 岁，长得也不漂亮，但是两人一直过得很幸福。

但是前妻对于这件事一直耿耿于怀，觉得李琦之前就和王欣好了，所以才和自己离婚的。于是她三天两头地闹，有一天李琦实在是受不了，便对她说："我早跟你说过，我和她之前不认识。你想知道我为什么和你离婚吗？我告诉你，你明天来我办公室听电话。"

第二天，李琦故意把自己的钥匙放进王欣包里，然后上班去了。王欣到了单位，看到包里有老公的钥匙，马上给他打了电话，而此刻，李琦的前妻就在旁边听着："喂，老公，实在是对不起，我把你钥匙带走了，我下班比你晚，看来你得来我这取了。辛苦你了老公，对不起。"李琦表示下班后去取，然后挂了电话。

站在一旁的前妻，以前也犯过同样的错。可当时的她趾高气扬，不仅没有好脸色，还厉声地责怪李琦。在她看来，跟老公说"对不起"是不可能的，女人本就不应该为自己的过错道歉。自那以后，她仿佛明白了，从此再没有骚扰过李琦一家。

现实生活中，对于那些本该理性面对的问题，就要勇敢去面对，不要让自己成为不知分寸的人。特别是在犯错的时候，就赶紧说句"对不起"，这没什么丢人的，也不代表你就处于劣势。相反，这是一种以退为进的方式，会让他更加疼惜你，也能增加彼此的亲密度，和谐地相处，这比"我爱你"更加有效。而且一般在"对不起"后，你犯的错已经不重要了。

很显然，男人对于"对不起"三个字有特殊的情结，一方面，在道歉的同时，会让对方感到如释重负。二来，一句"对不起"，可以增加对方的满足感，让他们觉得有面子。对女人而言，主动说"对不起"，也是管理爱情和婚姻的"良方"。当你费力争辩，努力为自己的错误辩解时，这就是个脑力加体力活。在你证明自己强大的同时，也失去了静心享受生活的时间。可见，只有那些勇于说"对不起"的人，才会有更多的时间欣赏沿途的风景，也不会让爱人挂心。

古今中外，有许多男人被女人打败，但女人靠的不是力量，而是以柔克刚的智慧。婚姻中不可能没有矛盾，硬碰硬只会让事情变得更糟。多半男人对弱小的事物都有一种保护和迁就的心理，女人没必要争强好胜。一句"对不起"，既让他心存感激，又让他因你的"懂事"而更加疼惜你，何乐而不为呢？

若我们跳出两性关系的"怪圈"，去反思女性在职场上的困境，就会发现："对不起"的主动原则同样适用。实际上，职场上的"风波"和麻烦一点儿不亚于家庭。

很多时候，尽管我们小心翼翼地应对，可还是会惹上麻烦，导致双方产生矛盾。矛盾产生之后，更应该及时消除矛盾，而不是让矛盾扩大、升级。同事之间产生矛盾，往往是因为工作上的事情，但这并不妨碍大家继续交往。所以，如果在工作上与别人产生了矛盾，或别人对你有成见，你没必要耿耿于怀。你的一声"抱歉"，反而会给他人留下大度、包容的印象，有利于赢得人心。

如果和同事之间产生了不愉快，应该直面现实，而非刻意地逃避。在摆正立场的前提下，应该采取主动的姿态，抛开个人成见，更积极地待人接物，就像对待其他同事一样与"你的敌人"相处。一开始，他们可能会心存戒备，对你的好意表示冷漠，但只有你坚持不懈地善待他，他内心的坚冰自会融化。

如果与资历较老、年龄较大的同事产生了矛盾，除非有十足的理由，否则不要轻易与他撕破脸面。最好的办法是在双方冷静之后，心平气和地沟通。如果发现自己有冒犯他的地方，不妨真诚地向他道歉，这样才有利于彼此关系的改进。

第八章
DI BA ZHANG

玩转人脉——每一个中国人都应该知道的人际"潜规则"

　　老鹰站立的时候像睡着了一样，老虎慢吞吞地走路时像病了一样，恐怕你怎么也想不到，这种深藏不露的表现，正是它们捕捉猎物的最佳手段。做人也是一样，要聪明但不要露锋芒，有才华可以，但不要随便逞能，沉住气才能干得了大事，这是每一个中国人都应该知道的人际"潜规则"，也是栽过跟斗的老祖宗们用鲜血和脑浆写下的字字忠告。

↙ 1
步入社会，再没有人会把你当成孩子

从步入社会的那一刻起，不仅意味着你离开了单纯而美好的校园，也意味你正在接受一场成人礼。从此以后，你需要独立而成熟地应对社会中错综复杂的人和事，不要奢望别人依旧把你视作孩子，不要奢望别人依旧对你百般呵护，不要奢望别人依旧处处包容你的缺点和过失。

当你步入社会的时候，个人所扮演的角色就将发生深刻的变化。父母温暖的怀抱、师长深切的关爱，同学间纯洁的交往将有可能自此化作回忆，你将与这些美好的过去渐行渐远，需要直面的是沉重的工作压力、严苛的单位管制以及残酷的生存竞争。因此，当你步入社会后，千万不能再把自己当成孩子，必须要重新审视自己的生活角色和人生定位，要以成熟的心态面对纷纭复杂的世界，要以更为勇敢的心态接纳人生中的悲欢离合、成败得失。

有的人误以为自己已经非常成熟，以为自己在步入社会前早已经做好了一切心理准备，以为自己早已调整好了心态，以为自己有能力和信心迎接一切挫折和征服一切困难。然而，现实生活往往会给你当头棒喝，告诉你盘算中的事情与现实是有差距的。生活中的确有很多喜与乐，但有更多的艰辛与困苦。步入社会的你，应该尽快主动适应社会，而不是让社会来适应你。

然而，现在有很多刚进入社会的年轻人，往往并不明白这个道理。更有甚者，还以过去的人生经验应对现在的生活，天真地以为自己能够如鱼得水、左右逢源；还有一些年轻人心态不够成熟，以为自己年龄小，进入社会后即使犯了错，也能够得到别人的同情和谅解。结果，他们往往在为人处世中出现事事不顺、时时受阻、处处碰壁的局面。说到底，就是这些人太傻太天真了，切记一点，步入社会，没人会再把你当孩子的！

马晓军在国内一所重点大学里面读的是中文专业，因为成绩突出而很受各位老师的宠爱。大学毕业后，他一直都希望自己能够进入到一家杂志社工作，进一步释放自己的文字情结。

虽然之前有不少公司打来电话，但是都被马晓军一一拒绝了。在等待了漫长的一个月后，他虽被一家杂志社所聘请，但没有约定具体的工作方向。上班的第一天，当主编找他谈话时，他提出的第一个要求便是"专业对口"，而且娇气地提醒主编要"充分注意到我的特长"。他像孩子一样反复央求主编，只有让自己到编辑部去工作，才能真正发挥自己的优势。可是，主编并没有因马晓军的强调和解释而改变想法，仍然安排他到了市场部去锤炼。为此，马晓军觉得很不开心，他觉得主编拒绝自己，实际上是大材小用、埋没人才。但木已成舟，他无法改变什么，只能带着这种不良情绪进市场部工作。

由于情绪受到影响，他工作时特别不积极，从而给部门经理留下了很不好的印象。没过完试用期，马晓军就被经理辞退了。在马晓军离职的时候，部门经理以过来人的身份跟他说了一句掏心窝子的话：你现在已经步入社会，老想着别人把你当孩子一样宠着怎么能行呢？

曾有一项毕业生调查报告显示，每年走上工作岗位的年轻人中，有一半多会出现"社会不适症"。他们像马晓军一样，尽管大都对未来充满跃跃欲试、展翅高飞的决心和理想，但由于角色转移不到位，依然用孩子的心态去迎对这个世界，以孩子的视角去审视周围的人群，难免会产生心理错位，难以适应已经发生改变的环境，进而倍感紧张，失望感、焦虑感接踵袭来，工作迟迟难有起色。

一个刚刚步入社会的年轻人，坚持自己的梦想没有什么错，但是应该有一定的灵活性，要懂得适时转变自己的观念和姿态，不能够太过死脑筋，冥顽不化地以过去的人生经验来对待现在的生活。毕竟理想与现实还是存在差距的，年轻人步入社会后，正确的做法是尽量顺应环境，在与新环境的磨合中，寻找一个价值的平衡点，在向自己的梦想靠拢的同时，向现实做一些妥协。只有这种能够放下身段的人，才更具有韧性。

除此之外，步入社会的你，对于人际关系尤其要有一个正确的认识，有一个合理的期待，千万不要像孩子一样抱有天真的想法，以为每个人都能接纳、喜欢自己！

尼采曾经这样说过："人不过是一把泥土。"的确，任何人都需要摆正心态，给自己一个合理的心理定位。尤其对于一些刚步入社会的年轻人来说，千万不要把自己定位得太高，以为所有的人都会都围着你转。要知道，你已经不再是以前那个稚嫩的孩童，你已经告别了一个能够轻易获得别人谅解的年代。

在成人世界里，人际关系更为复杂，由于彼此间存在种种利益纠葛或竞合关系，必然导致人际关系呈现多样性，所以必须明白一个处世原则，那就是不要试图让所有人都喜欢你，因为这既不现实，也没有必要。

依然耽于幻想而又缺乏人生阅历的年轻人们，赶紧醒一醒吧！整日幻想自己是周围人眼中的宠儿的想法已经不合时宜，企图将周围人当成受你支配或耍弄的想法是要不得的。已步入社会的你，要准备好接受属于这个阶段的全新法则，以一种更为成熟的处世方式融入新的环境，不幼稚、不自恋、不任性、不想当然、不我行我素、不以自我为中心……要以一颗平和的心对待人生旅途中的人和事，以平凡人的姿态去追逐自己的梦想。

如果你是男生，跟孩子的那种做派说再见吧！请记住一些告诫：告别网恋，多关注家人介绍的对象；周末有带朋友泡午夜场的钱，不如给母亲买点水果买点菜；多赚点钱，不要让自己过得太寒酸；穿着假名牌，不如一身便装，但求干净整洁；N个酒肉朋友，也比不上一个与你肝胆相照的真哥们……

如果你是女生，也跟孩子的那种做派说再见吧！请记住一些告诫：告别灰姑娘和白马王子的白日梦，你的脚没那么小，穿不进那水晶鞋；偶尔和妈妈一起下厨，永远比和姐妹淘在一起胡吃海喝来得开心；不要以为自己吸烟很有魅力，对皮肤不好，而且显得很风尘；假如你还认字，那么经常看看书，提升一下自我修养；永远不要认为别人的老公比你的好，因为他们爱的不是你……

"步入社会，没人再把你当孩子"，如果你能够意识到这条人生智慧，那么恭喜你，这说明你已经赢取了一个处世宝典。接下来，你需要做的就是对自己狠一点，采取实际行动给自己举办一场成人礼，割舍孩童情怀，抛弃童稚心态，以全新的姿态和成熟的心态迅速融入这个社会，去迎接人生的另一场伟大战斗。

2
让别人做主角，自己心甘情愿当配角

人的一生其实只扮演了两个角色——主角和配角。每个人都希望自己是主角，尽管做主角很难，但我们都乐此不疲。而当演配角的时候，大多人都不太情愿，因为这个时候自己的行为举止多为别人做嫁衣，自己的亮点容易被忽视。

实际上，做配角没什么不好，它更是一种低调做人的智慧。做配角为自己赢得了人缘，赢得了信任，更为自己积累能量做了充分准备，为自己下一次做主角打下了基础。然而，我们又该如何做一个优秀的配角呢？

（1）在人前保持低调

如果你想赢得别人的信任，就不要表现得太过高调，相反，应该表现得低调谦虚、毕恭毕敬，使对方感到自己受尊重。一般情况下，别人是不太会对一个低调之人较真的。如果你在谈生意，那低调就更重要。把自己放低，会让对方放松警惕，觉得用不着花费太大精力去对付一个不聪明的人。这样你反倒会占很大的优势。

但低调并不意味着你软弱，这只是一种表面现象，是为了让对方从心理上感到一种满足，从而对你更加信任。越是谦虚，人就越聪明。当你表现出大智若愚来，使对方陶醉在自我感觉良好的气氛中时，你就已经受益匪浅，这对你以后的工作或生活都非常有利。

如果你处处高调，处处咄咄逼人，对方心里会感到紧张，甚至很容易对你产生反感，而使你们之间的交流出现障碍。为了赢得更多的朋友，也为了事业上进行得更加顺利，你不妨常以低姿态出现在别人面前。

（2）不要表现得比别人优越

在交往中，每个人都希望能得到别人的肯定。当让朋友表现得比我们优越时，他们就会有一种得到肯定的感觉，但当我们表现得比他还优越时，他们就会产生一种压抑感，甚至对我们产生敌视情绪。因为每个人都在自觉不自觉地维护着自己的形象和尊严，如果过分显示高人一等的优越感，那么无形之中是对他人自尊的一种挑战与轻视，他人的排斥心理乃至敌意也就应运而生。

陈青是某企业人事局的顾问，在他初到人事局的头几个月当中，连一个朋友也没有。为什么呢？因为每天他都使劲吹嘘他在工作方面的成绩、新开的存款户头，以及他所做的每一件事情。

"我工作做得不错，并且深以为傲。"陈青对妻子抱怨说："但我的同事不但不分享我的成就，而且还极不高兴。我渴望这些人能够喜欢我，我真的很希望他们成为我的朋友。"妻子对他说："你想让别人听你说，那么你何不先去听听他们想说什么呢？这样也许他们就会慢慢接纳你的。"

陈青接受了妻子的建议，从此在与同事闲聊的时候，开始少谈自己，而是花很多时间去认真倾听同事们说话。慢慢地，大家有了什么话都喜欢告诉陈青，后来几乎所有的同事都成了他的朋友。

有一位学者曾有过这样一番妙论："你有什么可以值得炫耀的呢？你知道是什么原因使你没有成为白痴的吗？其实不是什么了不起的东西，只不过是你甲状腺中的碘而已，价值并不高，才五分钱。如果别人割开你颈部的甲状腺，取出一点点的碘，你就变成一个白痴了。在药房那里，五分钱就可以买到这些碘。价值五分钱的东西，有什么好谈的呢？"做人不可过多地炫耀，对自己要轻描淡写，要学会谦虚，只有这样，才会受人欢迎、受人尊重。

（3）让对方做主角

人与人之间的交流之所以能够进行，就是因为彼此尊重和宽容。如果总是压制对方，强迫对方服从自己，对方不久就会对你产生敌对情绪，你们之间的关系就会变得别扭和无法沟通。相反，如果你在交际中，时不时地让对方做主角的话，一定会极大地满足对方的自尊心和满足感。

在和别人相处的时候，试着留意对方的反应，尽力使对方心情舒畅。如果你以前和这个人没有什么接触，那就事前多做些调查了解。如对方有什么特长？对方最喜欢什么，憎恶什么？对方有什么个人习惯等等。知道了这些事情，你如果想要让他做主角就容易得多了，对方想要什么，你就可以给他什么。如果能够做到这一步，对方就会感到被尊重和理解，你和他的交流也会非常顺畅。

（4）多去赞美别人

喜欢被赞美是人的天性，听到别人赞扬自己的优点，就会觉得自身价值得到了肯定。多去赞美别人，会让别人成为主角，这会使你们之间的相处变得轻松，会让他感觉受到你的重视，无形中增加对你的好感。

冯小军今天早上的心情特别低落，他刚刚去了一家发廊做了一个新发型，把一头的长发剪成了短发，可是小军对新发型非常不满意，觉得一点都不像他理想中那么帅，气得他当时就想跟理发师吵一场。这不愉快的心情被带到了公司，在刚进公司的时候，甚至差点对一个客户发火。

他带着极其糟糕和不安的心情走到了办公室，没想到，同事一致说冯小军的发型既干练又洒脱，说这才符合冯小军活泼开朗的性格。在这一片赞美声之中，冯小军的心情变得好起来，接下来一天的工作都格外顺手。

可见，赞美是一种多么神奇的力量，它几乎不需要任何代价，只要动一下嘴唇就可以了。赞美的确是一种有效的交往技巧，能缩短人与人之间的心理距离。美国心理学家威廉·詹姆士指出："渴望被人赏识是人最基本的天性。"回忆我们自己的成长经历，谁没有热切地渴望过他人的赞美？既然渴望赞美是人的一种天性，那我们在生活中就应学习和掌握这一智慧。

↙ 3
锋芒太露，容易没饭吃

中国有一个成语叫做"锋芒毕露"，锋芒本意是刀剑的尖端，后人将之比作一个人的聪明才干。锋芒原本是好事，是事业成功的基础，然而凡事都有利和弊，如果一个人锋芒太露，自恃有才而狂妄自大、目中无人，那结果就不尽如人意了。

古人一直告诫我们要大智若愚。洪应明在《菜根谭》中说："文章做到好处，无有他奇，只是恰好。"才智的使用也是如此。当智则智，当愚则愚，愚也是一种智。必要时，甚至装一装"低能儿"，做一做"糊涂人"，都是明智之举。明朝刘基云："智而能愚，则天下之智莫加焉。"意思是说，智者能带几分愚，就是天下的大智慧。

可惜很多人都不懂得大智若愚的道理，他们认为自己聪明过人，有才气，能力强，故而沾沾自喜，看谁都是豆腐渣，唯有自己是朵花。这种人最容易没饭吃，甚至会为此丢掉性命。

三国时期的祢衡年少才高，目空一切。建安初年，二十出头的祢衡初到许昌。有人劝他结交陈群、司马朗。祢衡说："我，怎能跟杀猪、卖酒的在一起？"有人又劝其参拜赵稚长，他回答道："苟某白长一副好相貌，如果吊丧，可借他的面孔用一下；赵某是酒囊饭袋，只好叫他看厨房了。"

这位才子唯独与少府孔融、主簿杨修意气相投，对人说："孔文举是我大儿，杨德祖是我小儿，其余碌碌之辈，不值一提。"由此可见他何等狂傲。

献帝初年间，大将军曹操有召见之意。祢衡看不起曹操，抱病不往，还口出不逊之言。曹操求才心切，为了收买人心，还是给他封了个击鼓小吏的官。一天，曹操大会宾客，命祢衡穿戴鼓吏衣帽当众击鼓为乐，祢衡竟在大庭广众之中脱光衣服，赤身露体，使宾主讨了个没趣。曹操恨祢衡入骨，但又不愿因杀他而坏了自己的名声。

曹操心想像祢衡这样狂妄的人，迟早会惹来杀身之祸，便把祢衡送给荆州的刘表。祢衡替刘表掌管文书，颇为卖力，但不久便因倨傲无礼而得罪众人。刘表也聪明，把他打发到江夏太守黄祖那里去。祢衡为黄祖掌管书记，起初干得也不错。后来黄祖在战船上设宴，祢衡说话无礼受到黄祖呵斥，祢衡竟顶嘴骂道："死老头，你少啰唆!"黄祖急性子，盛怒之下把他杀了。其时，祢衡仅26岁。

祢衡本有一技之长，受人尊重，但他却没能因这一技之长受惠于世，反而恃一点文墨才气便轻看天下，最终冲撞权势人物被杀。这就是锋芒太露的下场。

在人际交往过程中，切忌只知伸不知屈；只知进不知退；只知自我显示，不知韬光养晦。

杨修是曹营的主簿，他是三国时期有名的才子和思维敏捷的官员。

曹操曾造花园一所，造成后曹操去观看时，不置褒贬，只取笔在门上写一"活"字。众人不解其意，又不敢问。杨修说："门内添活字，乃阔字也。丞相嫌园门阔耳。"于是翻修。曹操再看后很高兴，但当得知是杨修看破自己的意思时，虽然口中夸赞，但"心甚忌之"。

又有一日，有人送来酥饼一盒，曹操写"一合酥"三字于盒上。杨修入内看见，竟毫不客气地取出与众人分食。曹操问为何这样？杨修答："你明明写着'一人一口酥'嘛，我们岂敢违背你的命令？"曹操笑了，但心里却十分厌恶。

曹操怕人暗杀，常吩咐手下人说，自己好做杀人的梦，凡他睡着时不要靠近他。一日他睡午觉，把被蹬落在地，有一近侍慌忙拾起给他盖上。曹操跃起拔剑杀了近侍。大家告诉他实情。他痛哭一场，命厚葬之。因此，众人都以为曹操的确是梦中杀人，只有杨修一语道破天机，说曹操只是伪装。

不久，刘备亲自攻打汉中，惊动了许昌。曹操率领40万大军迎战。曹刘两军在汉水一带对峙。曹操屯兵日久，进退两难。夏侯惇入账禀请夜间号令。正逢厨师端来鸡汤。见碗底有鸡肋，有感于怀，随口说："鸡肋！鸡肋！"人们便把这作号令传了出去。

杨修即叫随行军士收拾行装，准备回家。夏侯惇大惊，请杨修至帐中细问。杨修解释说："鸡肋者，食之无肉，弃之有味。今进不能胜，退恐人笑，在此无益，来日魏王必班师矣。"夏侯惇也很信服，营中诸将纷纷打点行李。曹操知道后，以造谣惑众、扰乱军心罪，把杨修斩了。

杨修是绝顶聪明的人，才华横溢，其才盖主，但恃才放旷，无所顾忌，不懂得韬光养晦。殊不知，帝王将相是不喜欢别人胜过自己的，最怕部下功高盖主。而杨修偏碰上曹操这个生性多疑的"奸雄"，能不碰壁吗？所以，君子要聪明不露、才华不逞、如果一个人总是喜欢显露自己的才干，那么他必然会遭受很多的挫折，这是做人太单纯的表现。

真正聪明的人都会掌握"度"。明代大政治家吕坤以他自己丰富的阅历和对历史人生的深刻洞察，在《呻吟语》中说了一段十分精辟的话："精明也要十分，只须藏在浑厚里作用，古今得祸，精明人十居其九，未有浑厚而得祸者。今之人唯恐精明不至，乃所以为愚也。"译成今天的话就是：精明还是非常需要的，但要在"浑厚"中悄悄地运用。古往今来，得祸的人绝大多数都是精明的人，没有因浑厚而得祸的。现在的人唯恐不能精明到极点，这就是之所以愚蠢的原因。

一个才智出众的人，应该是聪明不露，才华不逞，深藏若虚。若自以为了不起，过分炫耀自己，表面上看来像是聪明，其实却有点近乎无知，这样的人又如何不失败呢？

4

适当给对方一个台阶下

俗话说："人活一张脸，树活一张皮。"爱面子是人类的天性，给别人台阶下，给别人留面子，不仅能获得对方的信任与好感，还有助于树立自己良好的社交形象，从而使你更加受人欢迎，相反，不给别人台阶下，不照顾别人的面子，既害人又害己。

春兰喜欢公司的一个男同事，她把这件事告诉了好朋友刘纯。一开始，刘纯是个忠实的听众，但时间长了，她觉得那个男同事根本不喜欢春兰，觉得春兰太傻了，于是对春兰说："春兰，如果对方对你不感兴趣，你这样就显得太卑微了！"

春兰笑着说："卑微？你去年还不一样，你暗恋一个老男人时怎么不觉得卑微呢？"刘纯没想到好朋友把自己过去的伤疤捅了出来，气得一时间语无伦次："你……你怎么能这样说我呢？我最后……最后不是放弃了吗？可不像你现在这么执着。"

春兰不怀好意地笑道："什么放弃，你暗恋那个老男人快一年了，你还好意思说，我都感觉丢人，别人都有家室了……"刘纯被春兰的这番话彻底刺伤了，扭头就走了，从此再也不和春兰来往。

春兰不但揭了刘纯的伤疤，还毫不留情地讽刺她，这让人真的难以接受。如果春兰聪明一点，即时住口，给刘纯台阶下，或许不至于闹得朋友关系破裂。

俗话说："金无足赤，人无完人。"当你发现别人的错误与不足时，千万不要抓着不放，"把人一棒子打死"，而要学会给对方留有余地，这样既能赢得别人的感激，又能显现你良好的个人修养，何乐而不为呢？

有一次，王红和丈夫在新房装修风格上有了分歧，两人为此大吵一架。丈夫情绪失控，"离婚"二字从嘴里"蹦"了出来，还随手把一千多块钱的手机摔碎了。

事后丈夫想起和王红结婚时的约定，觉得无论怎样，自己都不该提"离婚"的事，这次有点太小题大做了。虽然为自己说的话感到后悔，但是碍于面子，他硬是一天没理妻子。

晚饭时，丈夫打开冰箱，发现什么吃的都没有，于是无奈地叹了叹气。王红在客厅听见丈夫的叹气声，探头看了一眼，虎着脸说："你饿了吧，我来给你做饭，等会儿我们还要一起看喜剧片呢！"丈夫不好意思地点了点头。

吃完饭后，丈夫和王红靠在床上看喜剧片，突然，王红对丈夫说："老公，你说了不该说的，伤了我的心，你要怎样弥补我啊。"丈夫马上吻了王红一下，很快，两人的关系就"解冻"了。

在人际关系战争中，愚蠢的人往往咄咄逼人，火上浇油，一根筋到底；聪明的人则懂得适可而止，给对方一个台阶下，给对方留一点面子。王红就是这样的女人，她懂得再给丈夫一个台阶下，及时缓和吵架造成的不愉快，这样做往往会让夫妻关系更加亲密。

当然，给人台阶下是需要技巧的，一般来说，有以下几种技巧：

技巧1：面对尴尬的气氛，说点好听的

给别人台阶下，不只是简单地让着别人，比如，当两人之间的气氛非常尴尬时，你不妨说点好听的，不管你说得对不对，只要说几句赞美的话，就是给对方台阶下。

有一次，朱元璋在金水河边钓鱼，解缙陪在一旁。钓了一上午，也没钓到鱼。突然，朱元璋要解缙写一首诗，纪念一下今天的空手而归。这不是难为解缙吗？鱼没钓到，还要写诗，真不知怎么下手。但解缙的才华不是浪得虚名的，他思考了一下，随口就来："数尺纶丝入水中，金钩抛去永无踪，凡鱼不敢朝天子，万岁君王只钓龙。"朱元璋听了解缙的诗，怒气一下子消了许多。

在这里，解缙面对朱元璋的尴尬，写了一首诗宽慰朱元璋，给朱元璋台阶下，很好地缓解了现场的尴尬气氛。聪明人不一定要会写诗，但一定要会说赞美的话，特别是在两人气氛尴尬的时候，适当说句赞美的话，让别人听着高兴，尴尬气氛自然就消散了。

技巧2：面对别人的请求，拒绝不能太绝情

当别人请求你时，你想拒绝别人，但是要注意方式方法，给人退路和面子。这样才不会使对方难堪。拒绝的时候，不能把话完全说死，你可以用拖延说"不"。比如，有位男士请你跳舞，你可以说："以后吧，有时间我会约你的。"让对方明白，这次拒绝，下次还有机会。

技巧3：对于别人的错误，委婉地指出来

有这样一个故事：

有位客户来退西装，售货员小张发现西装有洗过的痕迹，但他没有说破，而是给顾客找了一条退路。他说："可能你的家人不小心搞错了，把西装送去洗了。我以前也有类似的情况，有一次，我稀里糊涂地把一堆衣服拿去洗……和您一样，不是吗？你看，你的西装有洗过的痕迹。"客户听小张这么说，马上道歉："哦，真对不起，可能是我妻子不小心把我的西装洗了，那我不退了。"

小张是聪明的，他懂得给顾客一个台阶下。在生活中，谁都可能有错误或失误，这个时候，我们不妨宽容一点，给人一个台阶下。这样你才容易赢得别人的好感和信赖，获得友谊。

↙5
兔子急了会咬人，千万别把对手逼到绝路上

在周星驰主演的电影《功夫》里，包租婆面对来势汹汹、咄咄逼人的入侵者，说过一句话："留条活路行不行，不要赶尽杀绝啊！"并最终出手

教训了那些来意不善的人。包租婆所说的话包含了为人处世的一条哲理，那就是要知道兔子急了也会咬人，凡事千万别把对手逼到绝路上。

为什么不应把对手逼到绝路上呢？因为身处绝境的人会产生强烈的自保或者报复心理，并爆发出强大的反击力量。中国古人留下了不少相关熟语，比如"置之死地而后生"、"绝地反击"、"背水一战"、"鱼死网破"、"狗急跳墙"、"孤注一掷"等等，无一例外地从反面印证了这一处事原则的合理性。

不把对手逼到绝路上，是一种智慧。《孙子兵法·军争篇》中说："归师勿遏，围师遗阙，穷寇勿追，此用兵之法也。"所谓"围师遗阙"，意思就是当你将敌人的军队围困住的时候，一定要留个缺口，给敌人留一条生路，使他能从那里逃跑，要不然，对方的士兵一看逃命无望，便会拼了老命进行反击。而在《史记·殷本纪》中则载有："汤出，见野张网四面，祝曰：'自天下四方，皆入吾网。'汤曰：'嘻，尽之矣！'乃去其三面。祝曰：'欲左，左；欲右，右。不用命，乃入吾网。'"这段话同样说明了给对手留条活路的道理，不将其逼入绝境，其实也是给自己留一条路。

在《菜根谭》中，也说过一句非常经典的话："锄奸杜幸，要放他一条去路。若使之一无所容，便如塞鼠穴者，一切去路都塞尽，则一切好物都咬破矣。"意思是说：铲除恶人，杜绝奸臣，要给他们留下一条出路。如果不给他们立足之地，就会逼得他们铤而走险，就像堵塞鼠洞那样，一切去路都堵住了，那么老鼠就会把一切好的东西都咬破。老鼠急了会咬东西，兔子急了也会咬人。不把对方逼上绝路，既是给对方一次机会，也是保护自己的利益。

既然对于战场上不是你死就是我活的敌人、对于人人喊打的老鼠，在能够全部歼灭的时候，尚且要为其留一条生路，在日常的生活中，又何必对意见不合者或者竞争对手痛下杀手呢？

不把别人逼上绝路，主要需要从说话和做事两个方面入手。

首先，要在嘴上得理饶人，不逞口舌之快。生活中，你免不了要与别人展开语言上的交锋。如果是在友好讨论的场合，你当然可以全力展现雄辩之才，将对方辩得哑口无言；但如果是在一些较为正式的公众场合或者涉及利益纠葛的场合中，则没有必要一口将对方咬住后就不松口，这样会把对方逼入做困兽之斗的境地。

实际上，如果对方根本就不打算听你的，你就是说破了天对方还是不会改变立场，有些比较强势的人还会与你针锋相对，撕破脸皮斗到底，硬碰硬唯一的结果就是让彼此间的关系产生裂痕。不仅如此，有时候，拥有"毒舌"、"刀子嘴"的人还会招众人嫌恶。

张凤霆与几位朋友在餐馆吃饭，聊起了股市的话题。聊着聊着，其中一位朋友小王就与张凤霆抬起杠来。小王自称近期看了很多关于股票的书，跟踪研究了一段时间的股票行情，他批驳张凤霆的观点，认为是大错特错的。王凤霆嘴笨，争辩不过，小王得势后愈发来了劲，嗓门越来越大。这时候，一位喝得有点高的朋友突然对小王暴喝一声："你装什么装？大家是来开心的，不是听你训人的。"一时间，小王尴尬至极。

小王之所以遭遇尴尬，说到底是自找的。知识渊博是好事，但没必要得理不饶人，非得伤别人的面子。

其次，不光说话要留余地，做事也要留余地，不要把事情做绝。正所谓"万事留一线，日后好相见"，于情不偏激，于理不过头，这样做的人会减少很多敌人，少一个敌人就少一堵墙，他们必定能够在人际圈子中如鱼得水，左右逢源。做事的时候，懂得为别人留有余地，实际上也是给自己留下回旋的余地。

古希腊神话中有这样一个故事：太阳神阿波罗的儿子法厄同驾起装饰豪华的太阳车无视路人，横冲直撞。当来到一处悬崖峭壁上时，恰好与月亮车相遇。月亮车正欲掉头退回时，法厄同依仗太阳车的力量优势，一直逼到月亮车的尾部，不给对方留下一点回旋的余地。正当法厄同眼看着难于自保的月亮车幸灾乐祸时，才发现自己的太阳车也走到了绝路上，根本就没有了掉头的余地，进退两难，最后终于收不住脚步葬身火海。

这个神话故事告诉我们，做事步步紧逼不可取，退一步方能海阔天空。在人际交往中，对于别人无伤大雅的小错误，应该胸怀豁达地表示谅解，如果有足够的度量，甚至可以替对方化解困局。人都是有感情的，外表看起来再冷漠的汉子内心也有柔弱之处，他们能够体会到你的用心，在某个特别的时刻，或许就会以你意想不到的方式回报你。

在充满竞争对手的生意场上，尤其要注意有礼有节。蒙牛乳业集团创始人牛根生曾说："不要把你的竞争对手逼到绝路，也不要轻易激怒他……损人一千，自耗八百的蠢事不要干！"这话对于在生意场上摸爬滚打的人具有重要的借鉴意义，因为当对方被逼得无路可逃的时候极有可能像兔子蹬鹰一样，使出浑身解数做出最为猛烈的回击！两者斗狠，即使你是最后的胜利者，也有可能元气大伤，抵不住其他市场竞争者的轻轻一击，这实则是不败之败。

不把对方逼入绝境，最重要的是具备一颗宽容心。古人云："壁立千仞，无欲则刚；海纳百川，有容乃大。"为人处世，当以宽大为怀。

宽容是一种涵养，是一种博大精深的境界。有一位哲学家曾经说过："世界上最宽阔的是海洋，比海洋宽阔的是天空，比天空更宽阔的是人的胸怀。"每个人都是具有宽容的潜力的，只要你学会看得开生活中的很多事，该放下时且放下，你就拥有无限宽广的胸怀。宽容他人也是宽容自己，保护自己。

一个懂得宽容的人，可以契机应缘，微笑地面对他人，从容地经营人生。请你学会去宽容别人，千万不要把对手逼到绝路上。

↙6
主动示弱，每个人具有同情弱者的天性

有位大学生，在毕业找工作的时候，在择业招聘上写下了自己"不太成熟"的弱点。可能很多人都会觉得他太傻，这样做不是自断后路吗？然

而，意想不到的是，招聘单位反而录取了他。在招聘单位看来，他能够将自己的个性弱点实事求是地说出来，说明他是一个诚实守信的人，对一个单位而言，这种素质是很难得的。

在人际交往的过程中，必要的强势能够给自己赢得更多的机会，但你要记住，凡是过犹不及。如果一味地逞强、处处锋芒毕露，处理不当反而会适得其反，让自己陷入不必要的拉锯战，工作也会遭遇更大的阻力。所以说，在交际圈中，学会适当示弱，有时候会有意想不到的效果。

林伟在一家广告公司做文案。他仗着自己是名校的毕业生，加上自己有丰富的工作经验，总是对自己的创意满怀信心，压根听不进别人的意见，也不能容忍别人对他的作品"指指点点"。

一次，公司接了一个知名品牌手机的案子，在讨论策划方案的时候，广告主对他的方案提出了质疑。林伟对此十分恼火，说对方就知道卖东西，根本不懂创意，一点艺术修养也没有。就是因为这句话，让对方大为光火，立马解除了合约。年初，公司要选送广告作品拿去参赛，林伟的作品也是候选之列，但是最后却选中了一位新人的作品。林伟找到创意总监兴师问罪，又大吵大闹了一番。

其实，林伟的作品创意不错，之所以好几次闹得不愉快，是因为他太露锋芒了，过分强势反而会危及自己的前程，不如择机示弱，顺水推舟，把机会主动让出去，反而会让人觉得他懂得提携后辈，也不至于和上司翻脸，对他的印象大打折扣。

一位导师曾说，人不应该示强，而应该示弱，这才是最高的做人境界。你可以很强，但是你也要懂得在适当的时候隐藏自己的光芒，向众人"示弱"。这样，才能激发对方的同情，唤醒对方的恻隐之心，使对方在感情上与你靠近，产生共鸣。

在与人交往的时候，我们如果凡事都逞强好胜，往往会弄得头破血流，但是如果懂得适当示弱，则很容易被接受。因此做人做事，懂得适时地示弱，反而会成为最后的赢家。

一天，林肯律师正在办公室工作，突然一位老妇人跑来向他哭诉自己的遭遇和不幸。这位老妇人是一位孤寡老人，她的丈夫在独立战争中为国捐躯了，没有生活来源的她只能靠着丈夫的抚恤金维持生活。但就在前不久，给她办理抚恤金的出纳员告诉她，除非交手续费，否则就不能领到抚恤金，但是这笔手续费是抚恤金的一半。如果交了手续费，根本就不能保证基本的生活了。

林肯听后十分气愤，决定免费为老妇人打官司。不过因为出纳员只是口头上进行了勒索，没有任何实际的证据，因而指责原告无中生有，形势对林肯极为不利。但他十分沉着、坚定，他眼含着泪花，回顾了英帝国主义对殖民地人民的压迫，爱国志士如何奋起反抗，如何忍饥挨饿地在冰雪中战斗，为了美国的独立而抛头颅、洒热血的历史。

最后他说："现在，一切都成为过去。那些英雄也已经长眠地下，可是他们那衰老而又可怜的夫人，就在我们面前要求申诉。这位老妇人从前也是位美丽的少女，曾与丈夫有过幸福的生活。可是，现在她已失去了一切，变得贫困无靠。然而，享受着烈士们争取来的自由幸福的某些人，还要勒索她那一点微不足道的抚恤金，他们还有良心吗？她无依无靠，不得不向我们请求保护时，试问，我们能熟视无睹吗？"

林肯饱含深情的讲述，让法庭里的所有人都潸然泪下，就连法官的眼圈也在发红，出纳员也被感染，良心发现的他承认了自己的恶行，林肯和老妇人获胜了。

在没有证据的情况下，官司很难打赢，但林肯成功了。他正是凭借着他的情绪感染、驾驭了听众及被告的心理，达到了理智与情绪的有机统一。人心都是肉长的，只要你将受害的情况和你内心的痛苦如实地说出来，处理者是会动心的。

常言道，善于低头的人才是最聪明的人，越是强悍的人，示弱的威力就越大。在人性复杂竞争激烈的社会里，学会示弱和低头，才是最佳选择的道路。因为示弱可以减少乃至消除别人对你的不满或嫉妒，也可以使别人放松对你的警惕性。而如果是要求人办事，适当的示弱更是能激起对方心里的同情。

当你巧妙地点醒对方，使他衍生出一种自豪感，使他得到了应有的尊重，并同时站到了你的立场上。这时候，再难办的事情也能办得成。

↙7
人活脸，树活皮——不在失意者面前高谈阔论

在社会上，有些人总喜欢夸耀自己，认为自己的学识、能力高人一筹。每遇亲朋好友，就迫不及待地吹嘘自己的得意、成功，殊不知，这样常令别人不舒服，甚至反感。人生得意须尽欢，这是人之常情，所以春风得意没什么好责怪的。但如果你在失意者面前大谈得意之事，那就自找不痛快了。

举个例子来说，一个擅长做事的人，看到不会做事的人，很可能会揶揄他一番："你的脑子不够用吗？"这话必定不会让对方感到愉快的。所以，每逢开口说话，不管是什么内容，都要力避让别人有一种被比下去的感觉。

有一天，小孟约了几个朋友到自己家里聚会，主要目的是想借着热闹的气氛，让目前正处于心情低落状态的朋友李强放松一点。

李强不久前因经营不力，没办法只得宣布公司破产，妻子也因为和他感情不和，想和他闹离婚。他现在是内忧外患，不堪重负了。其他的人都知道李强目前的状况，因此大家都避免去触及与此有关的事。

可是，其中一位酒一下肚，就口不择言了，又加上刚做生意赚了一大笔，忍不住就开始大谈他的捞钱经历和消费功夫，说到兴处，还手舞足蹈，得意之情，溢于言表，这让在场的人都感觉不舒服。而正处于失意中的李强更是面色难看，低头不语，一会儿去洗脸，一会儿去上厕所。最后

实在听不下去了，就找了个借口提前离开了。他后来生气地跟送他走的小孟说："他再会赚钱也不必在我面前炫耀，这不是成心气我吗？"

小孟其实非常了解他的感觉，因为在以前他也经历过这样的事情，在他最艰难的时候，正风光的亲戚在他面前炫耀房子、汽车，那种感受，真是生不如死。

因此，当我们春风得意之际，千万不要在失意者面前显现出来！如果你正得意，要你不谈论好像也不太容易，谁不想让别人看见自己的意气风发？但你谈论得意时要注意场合和对象。

你可以在演说的时候大谈你的得意，甚至也可以对你的崇拜者谈，享受他们钦佩的目光。但就是不要对失意的人谈，在他们面前谈得意，就像在秃子面前抱怨头发少，在瞎子面前说太阳不够亮。失意的人非常脆弱，也最敏感，你的谈论在他听来都充满了嘲弄，感觉你在蔑视他。因此你所谈论的得意，对失意者来说是一种非常严重的心灵伤害。

一般来说，即使你当面在失意者面前大谈自己的成功，他们也不会当面表现出什么来，因为他们觉得自己没有什么资格来讲，但他们会耿耿于怀，甚至会有一种仇恨心理。

这种心理不会立即表现在脸上，因为他知道，此时的任何行为在别人看来都是一个失意者无力的辩解，但他会通过各种方式来泄恨，例如从此不再和你打交道，背后说你坏话、故意与你为难，于是你就失去了一个朋友，更有可能的是，你多了一个敌人，这是得不偿失的事情。

所以，当你有了得意事，不管是升了官、发了财，或是一切顺利，切忌在正失意的人面前谈论。尽量保持一颗平常心，尤其在失意者面前，更要多点同情和理解，只有如此，你的得意才能持久，你的朋友才会越来越多。

8

水至清则无鱼——不要过于追求完美

《汉书·东方朔传》有语："水至清则无鱼，人至察则无徒。"意思是说，水太清，鱼就无法生存，对人要求太苛刻，就没有人愿意成为他的朋友。

当然，凡事都有利弊，从一方面来说，水清本来是个好事，因为混浊的水会让鱼窒息。但水太清了，也不是好事，这需要从生态学角度分析。食物链——大鱼需要吃小鱼，小鱼需要吃更小的动物，最小的水生物需要吃水藻，而水藻类的微生物存在是不会让水非常清的，也就是说如果水非常清了，就没有水藻，而作为上级食物链的鱼也就没有食物吃了，没有食物自然也就无法生存了。

生活中，完美主义者不算少。如果你要断定自己是否属于完美主义者，只需回答以下几个问题：

①你是否对那些随随便便的人感到非常厌恶，并且暗自批评他们对自己的生活太不负责？

②你是否经常对自己或他人感到不满，因而经常挑剔自己所做的任何事或他人所做的任何事？

③你是否经常认为干任何事都是全力以赴的，却又常常希望自己能够再轻松些？

④你是否不断地因为别人没能一次就把事情做好，而要亲自去重做这项工作？

⑤你是否经常对自己的服装或居室布置感到不满意而时常变动它们？

⑥当你在计划购物时，你是否不想理睬对你促销的人，而是去找一些你需要的信息然后再作定夺？

⑦是否常常心里计划今天该做什么、明天该做什么？

⑧你是否不停地想，某件事如果换另一种方式，也许更加理想？

如果这些问题，你都回答是，那么你就属于完美主义者。不能说完美主义就不好，它是一把双刃剑，一方面来说，追求完美是催人不断向上的动力。但从另一方面来看，这种对完美的过度追求也是一个沉重的包袱。

世界上没有十全十美的人，每个人都有或多或少的缺点，如果你过于追求完美，对人责备求全，那一定会给你的人际关系注入不和谐的元素，以致失去朋友，错失成功的机会。

在我们发展事业的过程中，可能会遇到各式各样的人，有许多人肯定和我们不是同一类，无论志趣还是性格都与我们不合，甚至与我们格格不入，但这些都不要紧，要紧的是他对我们的事业发展是不是有用。在这个时候，完美主义不是一种正确的态度。

几千年前，孔老夫子就曾语重心长地教导我们："三人行，则必有我师焉。择其善者而从之，其不善者而改之。"看来，孔夫子比我们一些现代人更懂得对别人不要过于追求完美的道理。在现代，如果想获得更多的朋友，就不要过于追求完美，以下三点是需要注意的：

①对于朋友生活、工作中的习惯，要给予尊重。每个人都有自己独特的家庭背景，而在此基础上形成的习惯也不可能与你相同，所以，尊重朋友的习惯应当是最起码的要求。

②不念人旧恶。就是说不要对朋友过去的错误耿耿于怀，不肯原谅。朋友之间的矛盾，总会随时间而时过境迁，抓住过去的恩怨不放是不明智的。记仇的朋友很可怕，因为他会在你毫不防备的情况下对你报复，以求得心理上的平衡。但为此付出的代价是，他将永远失去了友谊。所以，与朋友交往，学会忘记过去，忘记以前的不愉快，那么以后还会是朋友，可能经历了这次之后，你们的相处反而会因为了解而变得更加从容和谐。

③不责人小过。就是不要责难别人犯下的小错误。人非圣贤，孰能无过？只要不是原则问题不妨大而化之。"攻人之恶毋太严，要思其堪受。"

这句古话告诉我们，对待别人的错误不可太严厉，一定要考虑到对方的承受能力，不能抓住别人的缺点，就不讲方式地批评。虽然泄了一时之愤，但也破坏了人际关系。

《菜根谭》有言："地之秽者多生物，水之清者常无鱼，故君子当存含垢纳污之量，不可待好法独行之操。"意思是说，一块堆满污秽的土地，才能长出许多茂盛的植物，一条很清的河流，常常不会有鱼。所以，我们应该有容忍世俗和容忍他人的气度，不能自命清高，否则就会陷入孤独。

第九章
DI JIU ZHANG

少数人才懂的智慧
——四两拨千斤的情感投资艺术

人活在世上，钱债能还清，但人情债永远还不清。感情投资就像储蓄，你存储的越多，分得的红利就越多。聪明人应该坚持以情动人，所谓"路遥知马力，日久见人心"，只有长期的感情投资，才能打动人心，建立信任，结出成功的累累硕果。

1

无事也登三宝殿，人脉维系需保鲜

朋友之间的感情发展，就像银行业务中的零存整取，平时一点一点地储蓄，到了一年两年后就有一笔钱了。朋友之间的关系同样需要维护和经营，平时互相不来往，相当于不存钱；有事才想到找朋友帮忙，相当于从存折中取钱，只取不存，存折迟早会空的。

你有没有这样的经验：当你遇到了困难，你认为某人可以帮你解决，你本想马上找他，但后来想一想，好几年没联系了，人家结婚、生孩子、生病住院这样的大事你都没去，现在有求于他才想起来找他，会不会太唐突了，甚至因为太唐突而遭到他的拒绝？反之也是一样，如果有朋友用到你的时候才来找你，才跟你套交情，你明明伸手就能帮上忙，也会借口帮不了而推掉了。

法国有一本名叫《小政治家必备》的书。书中教导那些有心在仕途上有所作为的人，必须起码搜集20个将来最有可能做总理的人的资料，并把它背得烂熟，然后有规律地、按时去拜访这些人，和他们保持较好的关系。这样，当这些人之中的任何一个当起总理来，自然就容易记起你来，大有可能请你担任一个部长的职位了。

人脉维护：学会在口渴前挖井你的人脉价值百万这种手法看起来不大高明，但是非常合乎现实。一本政治家的回忆录中提到：一位被委任组阁的人受命伊始，心情很焦虑。因为一个政府的内阁起码有七八位部长，如何去物色这么多的人？这的确是一件难事，因为被选的人除了要有适当的才能、经验之外，最要紧的一点，就是"和自己有些交情"。

在建立社交网络时记住：永远不要消失。消失比失败还要糟糕。现代社会，大家都忙于自己的事，很难有时间聚在一起聊天、吃饭。如果你不知好歹地三天两头找朋友聊天，朋友也会不胜其烦。那么，如何和这些朋友经常保持联络呢？有时候实在是一件令人感到头疼的事。其实，朋友之间的联系不一定要频繁，按以下的方法去做，既可以节省你的精力，又可以增进感情。

（1）节假日打个电话或发个邮件

朋友不在一个城市，或者工作忙，没有时间招呼你，你可以在他闲的时候打打电话、发个邮件。不要在朋友上班时间打电话，因为对方可能会说，我现在正在开会、正在上班，最好选在节假日。如果朋友连节假日都在忙于应酬，你最好就发个邮件吧。对这些太忙的朋友，或者以忙为借口的朋友，你最好不要轻易打扰他，但是，不要不联络他。

汽车销售大师乔吉拉德每月都会给所有的客户寄卡片。平均一月要寄出16000～17000张卡片。他并不像其他汽车经销商那样，在卡片上写一大堆"大降价"、"跳楼降价"、"疯狂甩卖"、"独家降价"之类的话，而是在1月份写上"新年快乐"，2月份写上"情人节快乐"等，然后签上自己的名字寄出去。

一年12个月里面，人们每月都会收到他精心寄送的卡片。持续的人脉资源积累，为乔吉拉德赢得了空前的成功，他一生总共销售了13001辆车，最高单月销售纪录为174辆，平均每日售出约6辆车。这些纪录自他1978年1月宣布退休后，至今仍未有人能打破。

（2）和爱好相同的朋友定期举行活动或者小型聚会

小刘和几个朋友都是户外运动爱好者。他们经常在周末和节假日期间集合在一起，找个地方，痛快地玩上几天。小刘时间比较充足，他每周都会和不同的朋友一起出游。大家在旅途中除了讲旅途见闻之外，还会交流自己的工作、生活。有这些朋友在，小刘有事招呼一声，哥们儿都会全力相助。

（3）注意人脉成本

和你来往的未必都是生死之交，他们会在乎和你来往的成本。小王公司来了个新同事，人很热情。一个月后，新同事宣布她周六结婚。小王和七八个同事硬着头皮凑了份子。同时，对这位新同事从心理上感到厌恶。热情背后的目的让人实在难以接受。

朋友要交，但是如果对方顾忌到和你结交的成本时，就会感到有压力。所以，你和对方保持联络时一定要考虑到这一点。我们都有一个体会，朋友一起吃饭，付账的那个硬充门面，但白吃的面子上也不好看。出于礼貌，对方也要回请，朋友嘴上不说，心里为难。

不要表现出对朋友有所企图。小李请小敏吃了一顿饭，但代价是小敏买了一份他本来并不想买的保险。虽然并没有因此而破坏他们的友谊，但小李的做法确实不妥。如果你的每一次联系都带有回报性质，朋友自然会觉得有压力，而不再愿意与你来往。平时和朋友联系，最好选择一些不需要付出成本但却会增加友情的办法。以得到免费门票为名，请朋友去看看电影、球赛等，也不失为一种好的办法，既不让对方觉得有压力，朋友也不需要刻意回礼。

（4）利益共赢式的联系

如果你是企业领导人，"没事常联络"所包含的对象就更扩展一层，在没事的时候不仅要与自己私人的朋友经常保持联络，而且要与政府、供应商、经销商等利益相关群体中的重要部门或人员联络，增进彼此的感情。尤其要重视与政府建立良好的关系，主动与政府合作，主动与政府常来常往，主动向政府汇报自己的构想、计划及企业的情况、困难，并经常向政府提供有关企业的资料，让政府了解企业的发展情况。通过长期来往可以培养企业与政府之间的感情，积极地消除或化解彼此之间的矛盾与摩擦。特别是当在这种公共关系交往中建立了良好的关系后，对企业与政府的沟通、企业问题的解决以及个人事业的成功都是很有帮助的。

不要断了和客户的联系，如果你只有需求时才和客户联系，客户会婉转地告诉你，他刚和新客户签了进货合同。如果你常和客户联系，没准儿他会主动找你，跟你说："我这里有笔单子，你要不要做？"

还要注意的是，和一个人保持长久而密切的关系，取决于你联系的频率而不是取决于你们在一起的时间。比如，你一个月和朋友联系三次，每次接触三分钟，比你一个月和朋友联系一次，在一起待三个小时更容易增进感情。

↙2
"冷庙"烧热香，自有贵人帮

每一个人在工作和生活的不同时间，都可能出现最需要别人帮助、关心、支持、鼓励乃至同情的时候，他如果是你的人脉对象，在他最需要的时候，你应该陪在他身边。或者是义不容辞地冲锋陷阵，或者是风急火燎地忙前忙后，哪怕是你默默地同他在一起，什么都不做，哪怕是你的一句鼓励的话语、一个同情的眼神，哪怕是你与他一起大笑、一起痛苦、一起着急、一起担忧，他都会感到真正的友谊的存在，都会在内心深处感激你。

老张曾担任某公司的总经理，每年年底，他都忙得不可开交，客人提着大包小包来去不断。可是等他退休离职后，门前冷落车马稀，昔日送礼的人一个也不见了。正在他心情寂寞的时候，以前的一位下属带着礼物来看他。在任职期间，老张并不是很重视这位职员，可是来拜访他的竟是这个小职员，不禁使他感叹良久。两年后，老张被原公司聘为顾问，他很自然地把这位来看他的职员提拔了起来。

人得意时，需要朋友对他前呼后拥，体验一种胜利的感觉，然而，这些围在身边的朋友，究竟有多少是为了利益而来的呢？只有在人落难时，才会知道哪些是真正的朋友，哪些只是酒肉朋友。患难见真情的友谊才是长久的。

人在落难时，最需要友谊。对那些会"投人"的人来说，落难英雄往往是"潜力股"，适时地烧烧冷香，将来对方飞黄腾达时，才会记得自己。但"冷庙烧香"，最好出于诚心、真心，这样我们才会真正地开心。

也有喜欢"热庙烧香"的。热庙毕竟是当权者。然而，热庙香客太多，你若是个小人物，谁又能记得你是谁？你的香火钱少了，对方反而觉得你小看了他。但冷庙的菩萨就不是这样了，平时冷庙门庭冷落，无人礼敬，你却很虔诚地去烧香，神对你当然特别在意。如果有一天风水转变，冷庙成了热庙，你有事去求他，他自然特别照应。

但凡落难英雄，往往都有东山再起的决心和实力。你的一臂之力，也许就是他站起来的支点。如果你认为对方是个人物，就该及时结交，多多来往。如果自己有能力，更应给予适当的协助，施予物质上的救济时，不要等他开口，随时采取主动。有时对方很急着要，又不肯对你明言，或故意表示无此急需。你如得知情形，更应尽力帮忙，并且不能有丝毫得意的样子，一面使他感觉受之有愧，一面又使他有知己之感。寸金之遇、一饭之恩，可以使他终身铭记。他日否极泰来，也绝不会忘了你这个知己。

宋江为什么得到那么多英雄好汉的尊敬，因为他总是在别人最需要帮助的时候出现，因此人们才称他为"及时雨宋江"。"及时"非常关键，帮得早，不如帮得巧。帮得巧，救人于危难，就帮出一大帮两肋插刀的兄弟来。所以宋江落难时，一呼百应，转眼间就能拉起一竿子兄弟来。

战国时期，有一个名叫中山的小国。有一次，中山的国君设宴款待国内的名士，当时正巧羊肉羹不够了，无法让在场的每一个人都喝到。有一个叫斯马子期的人因没有喝到羊肉羹而怀恨在心，到楚国去唆使楚王攻打中山国。楚国是个强国，攻打中山易如反掌，中山被攻破。国王逃到国外，他逃走的时候发现有两个人跟着他，便问："你们跟来做什么？"两人回答："从前有一个人曾因获得您赐予的一碗食物而免于饿死，我们就是他的儿子。父亲临死前嘱咐，中山有任何事变，我们必须竭力帮助，甚至不惜以死报效国王。"

中山国君听后感叹地说："给予不在乎多少，而在于别人是否需要；施怨不在乎深浅，而在于是否伤了别人的心。我因为一杯羊羹而亡国，却由于一碗食物而得到两位勇士。"

人在风光得意之时，你一个稍微冷漠的眼神都会让他心生恨意。人在落难之时，你一个关切的眼神也同样会让他感激万分。热庙难烧香，相比之下，冷庙之时更见人心。当然，热庙的香仍要烧，冷庙的香也要烧，热庙变冷庙时，你的香不妨继续烧。

虽然我们的目的是把人脉变钱脉，但有些钱并非要用心才看得见。中山国君施一碗饭时未必求什么回报，但行善者必有善报。冷庙烧热香，我们拜的是英雄，帮的是有需要之人，他日的回报，其实不必太在意。不求回报之报，才是最大的回报。

↙3
关键时刻拉人一把，他人为你做牛马

英雄落难，壮士潦倒，是常见的事。但英雄毕竟是英雄，只要一朝交泰，仍会有一飞冲天、一鸣惊人的风光。这不是迷信，而是在教我们交友之道。

日常生活中，我们也应该多结交一些落难英雄，同样是一点恩惠，但是对于有难处的人来说这却是天大的人情。做人千万不要太过势利，看到别人发达，便使尽浑身解数扯上一点关系，一见别人落魄，就立刻消失得无影无踪。要想在关键时刻得到贵人相助，自应在平时就应该"多烧冷香"，交"落难英雄"，而这要完全是出于敬意和好心，不是为了达到某种目的，更不是一种交易。

我们常说"三十年河东，三十年河西"。这句话用来形容一个人地位的变迁。一个人一生不会一直落魄，也不会永远辉煌。总有一天，那些曾经落魄的小人物，也许有一天会变成人人都想巴结的大英雄。

要想积累人脉，就要把目光放长远一点，交一些实力雄厚的朋友无可厚非，但那些落难的英雄也不要忘记，关键时刻拉他一把，等有一天他成长起来，一定不会忘记你的恩情。不一定达到"投之以桃、报之以李"的效果，但是能够多结交几个有潜力的朋友，在日后也能助自己一臂之力。

成刚新成立了一家公司，因为公司刚刚起步，资金周转不过来，便向身边的好友借钱。可这些平日里哥们长哥们短的好友，到了关键时刻一个个都摇头称难。只有刘庆，他见成刚有困难，也没顾虑太多，就借了一些给成刚，稍微地伸了下援手。虽然只是一笔小钱，但是却帮了成刚一个大忙。

就在借钱给成刚之后，刘庆在美国办了一个自己的律师事务所，专门受理移民的各种事务和案件。在他的努力下，这家律师事务所在当地也算有了一些名气，财富也随之滚滚而来。之后他将公司搬到了繁华街区，并有了自己的雇员和秘书。

可正当他事业如日中天的时候，他受朋友蛊惑将所有资产都投入了股票，最后几乎亏损殆尽。由于美国移民法的修改，职业移民额削减，刘庆的律师事务所也渐渐门庭冷落，经营不下去，最后破产了，他最后连回国的机票钱也没有了。

就在这个时候，他接到了成刚的电话，成刚说自己可以赞助他，还帮他重新开始开创事业，就当是报他以前的恩情。令刘庆没想到的是，自己当初的一次小小"善举"，居然会为自己带来这么大的帮助和改变。

人的一生，虽然短短几十年，但是人的境遇却是变化万千。有时你不会意识到，你曾无心帮助过的落难朋友会突然翻身，日后反而成为你的贵人，使你的生活出现新的转机。

一个人做事最忌目光短浅，平时不屑那些身份低微的朋友，等到自己有难再来"临时抱佛脚"，可那已经来不及了。所以当身边的朋友失意时，就该及时接纳，关键时刻拉他一把，给予其力所能及的帮助。不管是经济还是精神，只要让他感受到你的热忱和真心实意的帮助，他自然会铭记在心。

若你面临困境，这些昔日的朋友可能就是一棵救命稻草，是把你拉出深渊的大福星。因此，我们在人生路上不要吝啬自己的爱心，不要在朋友需要你的时候转身离开。只有平常你帮我一把，我拉你一下，互相搀扶着走，才能更好地赶路。

有的人虽然现在看起来能力很平庸，然而风云际会，说不准有一天他也会成为人人敬仰的大英雄。当然，这些友谊之花，必须经过经年累月的培养，只有你平时真心待人，别人也才会在关键时刻帮你。

《伊索寓言》里有这样一个故事，讲的是一头狮子正躺在草地上睡觉，突然听见一阵呼救的声音，原来是一只老鼠被石头压住动弹不得。老鼠苦苦哀求狮子道："求你救救我，你救我一命，我将来一定报答您的大恩大德。"狮子觉得好笑，心想一只小老鼠能帮我什么忙？但是救它是举手之劳，便一尾巴扫掉了老鼠身上的石块，老鼠得救了。老鼠连连道谢，而狮子继续睡它的大觉。

说来也巧，狮子刚睡醒，准备去森林里散步，却一不小心陷入了猎人的陷阱，被一张大网捆住了，不能动弹。狮子大声呼救，老鼠听到狮子的吼叫后，就赶过来帮忙。它用牙咬断绳子，狮子恢复了自由。狮子挣脱绳子后，高兴地说："真没想到，我当初根本不屑你的报答，没想到现在却是你救了我"。

俗话说：善于放长线的人，才能钓大鱼。做人做事切不可急功近利，一张四通八达的人脉网络需要我们平常细心的浇灌、精心的呵护。所谓"人情冷暖，世态炎凉"。趁着自己有能力的时候，多结纳一些潦倒的英雄，使之能为己所用，这样对以后的发展将是个莫大的帮助。

我们时常经营着的那些人脉，大多是一些权贵，是能在金钱上帮助我们的贵人，但"贵人"其实无处不在。在生活中，有许多人往往不把一些身份低下的朋友放在眼里，觉得他们是小人物，根本不值得尊重。但无论是自己还是别人，每一天都是在不断变化着的，今天他也许只是小人物，但是说不定哪天就成了你的救星，成了你生命中的英雄。

在我们生活中会有许多的因缘，每一个都有可能将自己推向生活或事业的高峰，所以平常要多交落难朋友，哪怕他现在只是一个普通的小人物，但也许有一天，他会成为你的大贵人。

↙4
感情投资要"名正言顺"

俗话说："名不正，则言不顺。""名不正，言不顺"的情感投资会让人感到突兀、不自然，甚至别扭。所以，情感投资并不是一桩简单的事，而是一门高超的艺术，在恰当的时机，找一个"名正言顺"的理由，你的感情投资才会事半功倍。

刘枫是一家公司的员工，已经工作了3年。他一向相信踏实的工作会给自己带来好运，他认为凭自己的努力赢来的成功是最牢靠的。但是最近他心理不平衡了，眼看着那些本事不如他的人都一个个升职，而他这个靠真本事吃饭的人却一直原地踏步，心里多少有些憋气。所以，他决定鼓起勇气跟几个领导沟通沟通。他先给部门经理老张打电话。

刘枫在电话里说："张经理，你礼拜天有空吗？"老张说："哦，你有什么事情吗？"刘枫道："也没什么事情，就是想去看看您。"老张支支吾吾地说："我现在有事，需要马上出去，这两天大概都不在家。有什么事情回公司再说吧。"弄得本来就拘谨的刘枫不知所措，再也没有勇气给其他的领导打电话了。

与刘枫一相比，孙永军就成熟多了。在公司这两年，孙永军发展得不错，一直想找个机会向领导表示感谢，但找不到适合的理由。一天，他偶然发现上司红木镜框中镶的字画，给人的感觉是一幅拓片，跟家里雅致的陈设不太协调。

正好，他一个朋友的父亲是全国比较有名的书法家，他手里正好有一幅上次春节向他讨要的作品。于是孙永军就借口说喜欢上司家里那幅作品，想用朋友父亲的字来换。上司本来就不太满意家里的这个东西，看有更好的书法作品，当然非常乐意。于是孙永军就马上把字画拿来，主动放到镜框里，上司十分喜爱。孙永军找到了一个非常好的理由，做到了"名正言顺"。

由此可见，一个"名正言顺"的理由，能让情感投资顺理成章，没有丝毫故作的痕迹，让接受者感到很舒心。如此一来，就收到了情感投资的效果。除平时偶然的发现外，我们也可以在节日、生日、婚礼、探望病人等特殊时机，巧妙地表示我们的关心和爱意。因为这些时候情感投资的理由几乎是现成的，非常合适，不会显得突然。

∠ 5
小恩小惠，四两拨千斤

"及时雨"宋江的美名流传千年，然而，细细拷问，宋江所做的雪中送炭、仗义疏财之事，大多是一些小恩小惠，而四两拨千斤换回的，却是人人皆知的响亮名声。宋江之所以能够名垂千古，我们不得不佩服他四两拨千斤的交际艺术。

其实在日常的人际交往中，我们完全可以学习一下宋江的做法。很多人往往认为倾囊相助、两肋插刀的帮助，才是最让人感动和铭记的，其实，平日生活里的小恩小惠，更能打动别人的心，并顺利将对方拉进自己的阵营中来。所以，我们千万不可小看这些小恩小惠，说不定你平时小小的善举，就能换回你前进之路的畅通无阻，在关键时刻还能起到四两拨千斤的大作用。

田悦和常胜经过了半个多月的"厮杀"，在笔试、面试之后，俩人终于从两百多人中脱颖而出，成功进入一家大企业。因为企业规定必须有三个月的试用期，只有通过试用期的考核，才能成为正式员工。

一个月之后，田悦得到小道消息，说是试用期过后，他们两个人之中只能留下一个。于是田悦开始认真思考：常胜比自己的能力稍强一些，如何才能打败他成功留下来呢。

于是，田悦开始打听同事的生日，谁生日那天，就会送他一个小礼物，虽然并不贵重，但同事却很开心。因为办公室很多的女同事，所以田悦每天都会带一些零食水果请大家吃，或是帮别人顺便下楼买点东西。周末的时候因为自己是男生，值班或者有什么苦活都包揽在了身上。

有一位办公室的大姐结婚，因为田悦和常胜是新来的，如果发送请帖，怕引起非要人家送礼金的误会，所以只是口头上告诉了他们两个。田悦觉得如果和其他同事一样送礼，倒显得自己过于表现，于是买了件礼物，价格比礼金略便宜，结果那位大姐收到之后特别高兴，连连夸田悦懂事。而常胜则认为自己只要好好表现，好好工作就可以了。所以他对此根本就没有任何的表示。

三个月下来，田悦的小恩小惠把所有同事都哄得很开心，尽管他的工作成绩比常胜稍差了那么一点，但同事们最后把留下来的票基本上都投给了田悦。

由此可见，平时的小恩小惠在关键时候起到了多么大的作用。如果你一开始就对人家施以小恩小惠，并不会让人觉得你是故意巴结或者做作、拉拢人心之举，只会认为你这个人就是这样。如果你平时不行动，到了关键时刻才故意接近人家，只会让人觉得你是有目的的，进而产生嫌恶之感。

尽管小恩小惠花费不多，但却能很好地起到收买人心的作用；能够顺势借力，出小力就能赢得大回报。以这种方法，不需要我们花费多大的资金去讨别人欢心，只需要在平时的生活细节中多想到他人，多问候一句，多花费"笑脸"与"关怀"，就会立马提升你在别人心目中的印象。

小恩小惠来源于生活中的关怀，不一定非得与金钱或物质挂钩。很多时候，也就是几句鼓励的话，或者是一个安慰的拥抱，都会让人倍感温暖。如果你平时多积累这些小恩小惠，一定会给人带来良好的印象，这比起关键时刻要求人再抱佛脚要有效得多。特别是在你事业起步或想要迈向成功的时候来得最有效。

顾宇航是一名业务员，偶然一次从公司的销售网络里发现了一个大客户。但是令顾宇航尴尬的是，这个客户曾与顾宇航比较要好的一个同事闹过不愉快，以致顾宇航备受冷落。但他又不忍心就这样舍掉了一块肥肉，正当顾宇航无计可施之际，他发现客户的书架上摆放着许多石头，顿时计上心来。

第二天，他一个人到河边捡了一些别样的石头，并仔细给将它们分类整理好，打包成礼品的样子送给了那个客户。当他把石头拿出来时，客户顿时两眼放光。石头不值钱，但对喜欢收集石头的人来说，这是世上最好的礼品了。

就这样，客户开始注意起了这个年轻的小伙子，并在不久后跟他合作了一笔生意。也正是这笔生意，让顾宇航轻松地坐到了销售经理的位子上。

人们都会有这样一个心理：接受了别人的东西后，往往很难拒绝别人的求助，而小恩小惠正是凭借着这一点而胜出的。毕竟，那些小恩小惠并不是很贵重或者很难办的事情，它只是我们力所能及的一种体现。它可以是一件小礼物，也可以是小小的帮助，尽管微小，但是天长日久加起来，足以成为你建造"关系网"的有力武器。

所以，在与人交往的过程中，并不是只有那些倾囊相助的义举才能让人对你产生好感，很多时候，小恩小惠更能让人信任。如果你还在为如何打造更多的关系而苦恼，不妨从"小处"着眼，让你的美好形象一点一滴地渗进你想要结交的人心里，这样一来，在你需要的时候，对方一定会为你打开方便之门！

↙ *6*
人情做足了才有"杀伤力"

生活中，我们不难发现，不管是求人办事，还是谈生意，只要做足了人情，事情就很容易谈成。那么，我们在人际交往中多留一些人情，对我们的事业和生活来说都是非常有好处的。因为送出去人情之后，会让对方觉得有一种"亏欠感"，如果他也是懂得礼尚往来的人，那么一定会时刻记挂在心上，在你需要的时候加倍地还给你。

在人际交往中，见到给人帮忙的机会，要主动上前，留下一份人情，这就好比留下一颗种子。人情就是财富，人情做足了，就能左右逢源。所谓人情要做足，就是不仅要做，而且要做得充分，让别人觉得你尽了全力。这样，哪怕你没有办成事，没有给别人带来多大帮助，他也会非常感激你。

与人交往的过程中，你留下的人情越多，就证明你的路子越广。当然，送人情也不是一件容易的事情，要讲求一定的方法。

首先，在送人情的时候，不要表现得很勉强。要知道，送人情就是为了让别人感激你，加深人际关系，如果你表现得不情不愿，那么别人就会觉得你不是真心的，把你的帮助不放在心上。这样，就无法达到送人情的目的了。所以说，在帮助别人的时候，即便你不愿意，也要痛痛快快，样子要做好。

其次，不要半途而废，你要帮助别人，给予人情，那么就要帮忙帮到底。与其帮一半，还不如不帮。如果你知道做不到，就不要强求，并且让别人多作准备，否则把希望全部寄托在你身上，结果你完成不了，别人落个进退两难的境地。人情不但没有落着，反而遭到别人抱怨。所以说，人情做一半，那是出力不讨好的事情，要格外注意。

最后，送人情要举重若轻，也就是说，送完人情，不要觉得有恩于人，于是心怀一种优越感，不可一世。这样，即便你帮了别人，却无法增加自己人情账户的收入，正是因为这种骄傲的态度，把这次人情抵消了。所以，送人情的时候要保持冷静，你的功劳别人是看得见的，并不需要去刻意强调。如果你表现得毫不在乎，朋友反而会更加敬重你、感激你。

送人情也是交际中一门高超的艺术，会送人情的人一定会送得自然，当时对方或许无法强烈地感受到，但是日子久了就能体会出你对他的关心。当然，送人情也是要分清对象的，有些人只喜欢接受别人的帮助，却从来不去帮助别人，这样的人不值得浪费人情。

人际关系是相互帮助的，人情是用来维持交情的。人情是维系人际关系的纽带，所以要想获得更多的财富，要想取得巨大的成功，人情绝不可少送。相信一个总是真心诚意对他人伸出援手的人，一定会有成倍的收获。

↙7

有来有往，人情才能做得更为长久

有这样一个寓言：一只黄蜂和一只鹧鸪非常口渴，就去找农夫要水喝，并对农夫说会给他丰厚的回报。鹧鸪向农夫许诺它可以替葡萄树松土，让葡萄长得更好，结出更多的葡萄。黄蜂则表示它能替农夫看守果园，如果有人来偷，它就用毒针教训那些小偷。黄蜂和鹧鸪满以为农夫会非常高兴地答应它们的条件，可没想到农夫对他们的许诺并不感兴趣，他对黄蜂和鹧鸪说："你们没口渴的时候，怎么没想到要替我做事呢？"

这个寓言告诉我们一个道理：平时不注意与人来往，保持关系，等到有求于人时，再想让别人帮你，这时已经晚了。

在生活中，有很多人都有过这样的经历，当困难来临时，本以为某个朋友可以帮你，可是当你想去找他时，却想到你与他已经很长时间没有联系了，本来有些时候你应该去看他，与他联系一下感情，可是你最终却没去，现在有求于他，再去找他，他能提供帮助么？甚至被拒绝也不是不可能。

俗话说："常用的钥匙最有光泽。"在日常生活中，我们平时一定要注意和朋友保持联系，有来有往，培养、联络感情。只有平时常联络感情，人情才能维持更长的时间。

三国时的刘备，就是一个非常注重人情投资的人。当刘备还在私塾读书的时候，就开始投资人情，他经常帮助同学，即使后来大家分开了，刘备还常与同学保持联系。其中有一个叫石全的同学，为人敦厚，但家中很贫苦。刘备不嫌他家贫苦，常常带他回家饮酒吃饭，谈论天下大势。后来，乱世到来，刘备出山与群雄争夺天下，有一次，刘备战败，受到敌人的追杀，正当他走投无路，几欲丧命的时候，是朋友石全冒着生命危险，将刘备藏了起来，救了刘备一命。

由此可见，人情投资有时在危急关头能起到救命的作用。人情是一个人在社会中最需要的一种生存投资。人情的维系，在于和朋友常常来往，只要你有这份心、这份情，能够真诚地维持这段人情关系，那么你的交际面就会越来越广泛，路子也会越来越宽，在人生路上的拼搏自然就会越来越顺利、越来越容易。

在生意场上，如果遇到彼此比较投缘的人，有了成功的合作，那感情就会融洽起来，双方为了加深友谊，会互相为对方送上人情，在人情往来间，双方的关系越来越密切，也会赢得彼此的信任。当然，要保持这种密切的信任是很不容易的，这需要双方不断进行人情往来。

　　一些人常常犯这样一种毛病：就是一旦与对方建立了亲密的关系，就觉得自己不再有责任去维系它，与对方没有来往，肯定会忽略人情来往中的一些问题。比如该通信的时候不通信，该解释的时候不解释，该送礼的时候不送礼，该请客的时候不请客等等这些，总认为双方关系已经很好，不需要人情投资了，结果日积月累，长时间与对方没有人情往来，甚至在与对方成为朋友后，只知道向朋友索取，不知道向朋友回报，自然造成双方的人情淡漠，甚至沦为陌生人。

　　人生活在社会中，需要时时维系一份友情，而友情往往是靠双方你来我往的人情来维系的，尤其是亲密的朋友，更应该常常进行"感情投资"，只有这样，你才能够在危难时，找到朋友来相助。

↙8
人情也讲究"生态平衡"，过度投资不可取

　　毫无疑问，在生意场上，感情投资非常有必要。但我们也应该记住物极必反，感情投资可以，但不可过度投资。我们的最终目的是做生意，不要本末倒置，否则，到头来会落个得不偿失。

　　事实上，现在生意场上不少人都陷入了感情过度投资的怪圈，整天忙于应酬，却无暇打理自己的生意，最后人情倒是落了，生意却没了。这种本末倒置的行为，在一些依赖人脉的职业，比如公关、销售、市场推广等表现得尤为突出。

　　李嘉是某杂志社的市场经理，为了给自己的杂志社赢得人脉，获得客户的青睐，他几乎每天都在忙于参加大大小小的社交宴会，疯狂地结识有可能对自己公司有用处的人。他奉行的原则就是"宁可错杀一千，不可漏

过一个"。即使到了周末，他依然给自己安排了满满的日程表，甚至都有了"社交强迫症"。

无休无止的人情投资，把他搞得晕头转向，他对朋友大倒苦水："坦白说，我并不想这样，也并不是每个人我都很乐意去交往。但是干我们这一行，靠的就是关系，如果不搞点感情投资的话，你就没有办法生存。常说多一个朋友多一条道，激烈的竞争，逼得我们不得不努力扩大社交圈，即使自己非常不想去，也要硬着头皮。忍着难熬的痛苦，可能就只为拿到某一行业重要人物的名片。想想都有点可笑！"

李嘉这样无休止地搞人情投资的结果，让他痛苦不堪，更要命的是，他在日益密集的应酬当中，甚至连自己公司的业务也给耽误了。一年下来，他所在的杂志社并没有多大的变化，但他的应酬却越来越多。

李嘉的行为就是"过度投资"，这样做其实并没有得到多少好处。要知道，人情也讲究"生态平衡"。每个人都有一个社交容度值，社交容度是衡量一个人人情密度是否平衡的箱体。每个人的社交容度不同，你要根据这个标准来决定你的"投资规模"，如果规模过大，就会引起负面的效应。

小王是一个资深的销售经理，他已经做了七年销售。他认为做他这一行就必须要给别人送人情，而且一定要把人情送给潜在客户，这样订单的成功率就会提高。但在他送出了很多人情之后，总是患得患失，他怕别人受恩之后会忘记或不知受了恩，所以在他给了别人人情之后，总是加一句"这是给你的人情"，这让不少客户心生反感。终于有一天，有一个大客户因此拒绝了他的销售。

小王的行为其实是另一种变相的"过度投资"。事实上，我们不仅应让自己的人情生态保持平衡，也应为别人的人情生态平衡尽一份力，不要增加对方负重心理。否则别人就会因不堪受重而拒绝你的人情，那你就会得不偿失了。

一定要记住，我们的最终目的既是做生意，也是交朋友、搞感情投资。如果你没有搞清楚这个，那么付出再多的"感情投资"也是枉然。

第十章
DI SHI ZHANG

人际交往中的"读心术"和"雷区"
——远离人脉沼泽，成功也可以走直线

读懂人心的智慧在于明察秋毫、洞若观火，即通过别人一个不经意的小动作，看穿他的内心动向和真实意图，然后审时度势、对症下药，这样与人交往才能游刃有余。当然，在人际交往中还应注意避免踏入"雷区"，否则你会"死得很难看"。

↙ 1

要想钓住鱼，就要像鱼那样思考

有句话说得好："要想钓住鱼，就要像鱼那样思考。"这是因为在和人交往的时候，往往会出现矛盾，而这些矛盾多数是因为双方没有彼此理解造成的。所以，在与人交往的时候，多为别人着想，换位思考非常重要。

戴尔·卡耐基每个季度都要在纽约的一家大旅馆租用大礼堂20个晚上，来讲授社交训练课程。但是有一个季度，他刚开始授课时，房主提出要他付比原来多3倍的租金。这个时候，入场券已经发出去了，开课的事宜都已办妥。

卡耐基在两天以后去找经理，他首先对经理提高租金的做法表示理解，然后帮他分析了这样做的利弊，他说："有利的一面：大礼堂不出租给讲课的而是出租给举办舞会的，那你可以获大利了。因为举行这一类活动的时间不长，他们能一次付出很高的租金。租给我，显然你吃大亏了；不利的一面：首先，你增加我的租金，却是降低了收入。因为实际上等于你把我赶跑了，由于我付不起你所要的租金，就得另找地方。"

"还有一件对你不利的事实：这个训练班将吸引成千的有文化、受过教育的中上层管理人员到你的旅馆来听课，对你来说，这其实是起了不花钱的活广告作用。请仔细考虑后再答复我。"讲完后，卡耐基告辞。最后，经理让步了。

整个过程卡耐基没有谈到一句关于他要什么的话，他是站在对方的角度想问题的。然而出人意料的是，最后的结果对他非常有利。所以说，设身处地替别人想想，了解别人的态度和观点比一味地为自己的观点和主张作争辩要高明得多，不管在谈生意还是说服别人的时候都是如此。

当你准备见一个你不太了解的人时，不妨了解一下他目前最得意的事情。没有谁不喜欢听好话，每个人都喜欢享受被人承认的感觉，所以人的成就越大，就越希望别人能够看到。当你一见面就和他谈论他最引以为豪的事情，别人当然非常高兴，对你也就会有好感了。

儿子不喜欢吃菠菜，母亲看到情况后，并没有用强制的方法逼他吃，也压根没提菠菜营养多么丰富、多吃菠菜有什么好处，因为她知道孩子并不关心这些。何况，强迫的方法也不会持久有效。

她对孩子这样说："杰克不是老欺负你吗？为什么呢？因为他比你长得强壮。你知道他为什么这么强壮吗？因为他每天都吃很多菠菜。"于是，孩子立即对菠菜产生了兴趣。以后的日子里，不用母亲说，他总是把餐桌上的菠菜吃得一干二净。

这就是换位思考的优势，也就是那句"要想钓住鱼，就要像鱼那样思考"的具体运用。善于换位思考的人，常常能从别人的角度审视自己的方法，从多个角度综合考虑问题，结果，往往能找到更广阔的天地。

由此，我们该明白卡耐基名言的含义："无论你本人多么喜欢草莓，鱼也不会理睬它。只有以鱼本身喜爱的蚯蚓为饵，它才会上钩。"

↙2
言谈习惯最能透露一个人内心的秘密

"闻其声，知其人。"一个人的言谈习惯很容易透露内心的秘密，因为内心感受直接影响声音的大小、韵律、语速、语气等，心情直接影响着他谈论的话题、他交谈的兴致等，性格直接影响着他的表达方式，是直截了当，还是委婉曲折，还是冷嘲热讽等等。下面就来详细介绍一个人的言谈习惯所透露的信息。

读心要点一：通过声音知人性格

①声音高亢尖锐。这种人精力充沛，有强烈的自信心，待人真诚，气

质优雅，荣誉感强，不管走到哪里，都容易成为焦点；

　　②声音温和沉稳。这种人属于慢条斯理型，经常上午有气无力，但是下午却活泼起来。他们富有同情心，内心善良。开始时和他们难以交往，但是他们却是忠实可靠的人；

　　③声音沙哑。这种人斗志昂扬，善于凭借个人能力拓展势力，经常是领导人，不少成功的政治家、文学家、评论者有这种音质；

　　④声音粗而低沉。这种人乐善好施，喜欢当领导，他们喜欢四处活动而不愿静候在家。如果是女性，她的人缘较好，容易得到别人的信赖，好相处；如果是男性，他正义感强烈，谨小慎微，但情感脆弱；

　　⑤声音抑扬顿挫。这样的人内心诚实，自我显示欲强烈，有一定的领导才能；

　　⑥声音不断提高。这种人自我意识比较强，喜欢我行我素，不在意别人的意见，不会变通，比较顽固，甚至会自以为是；

　　⑦声音很大。这种人性格外向、粗犷和豪爽，他们自信心强烈，为人热情，敢于直抒己见，不喜欢拐弯抹角绕圈子。他们善于社交，但脾气暴躁，情绪起伏大，容易激动；

　　⑧声调波澜不惊、一平如水。这种人性格比较内向，表面上少言寡语，待人冷漠，实际上，内心充满热情，只是比较善于掩饰自己的感情罢了。他们不会贸然行事，不打没把握的仗；

　　⑨声音娇滴滴而黏腻。发出这种声音的那个人通常非常渴望得到别人的喜爱，但心浮气躁，有时过于希望招人喜欢反而招人烦。单亲家庭的女孩，往往有这种语调。男性若发出这样的声音，多半是受宠惯了，他们做事被动消极，优柔寡断，没有男子汉气概。

　　读心要点二：从话题看人心

　　一个人喜欢说什么话题，与他内心的想法，与他的兴趣爱好有很大的关系，因此，从话题可以看人心。

　　①话题偏重于与自己有关的事情，例如家庭、职业、成就等，这种人

自我意识强烈，喜欢以自我为中心；

②话题偏重于别人的秘密、小道消息等，这种人猎奇心理强烈，有些八卦，难获得真正的友谊，内心非常孤独；

③话题偏重于恋情、爱情等，这种人一般对性有强烈的欲望；

④话题偏重于不平、不公的事情，这种人一般对自己的现状不满，比如，对自己的工作不满意，不热爱自己的工作；

⑤话题经常跑偏、很离谱，这种人思维不够集中，逻辑思维较差；

⑥话题偏重于车子、衣服、手表、鞋子等，这种人一般有强烈的虚荣心，爱面子，比较追求享受；

⑦不愿意说出自己的话题，而是喜欢讨论别人的话题，这种人怀有宽容精神，有大家风范；

⑧极端避免谈到性问题，这种人可能内心对性问题怀有浓厚的兴趣。

读心要点三：从说话方式读人心

说话是一门艺术，不同的人有不同的说话方式，能反映出不同的性格特点和内心想法。

①旁敲侧击。这种人善于听弦外之音，较为圆滑世故，经常话里有话，一语双关；

②软磨硬泡。这种人顽固，脸皮比较厚，有一股不达目的誓不罢休的精神；

③啰里啰唆。这种人凡事喜欢斤斤计较，满腹牢骚，缺乏自信，爱掩藏真实想法，说话含糊其辞，但内心善良；

④口无遮拦。这种人说话不经大脑思考，经常得罪人，看起来豪爽，实际上靠不住。因为他们守不住秘密，可谓成事不足，败事有余；

⑤说话简洁。这种人性格多豪爽、开朗、大方，做事果断，凡事敢想敢做，拿得起放得下，有开拓精神；

⑥喜欢恭维。这种人比较圆滑世故，懂得投其所好，随机应变的能力很强；

⑦说话礼貌。这种人一般有一定的学识和修养，懂得尊重别人，有一定的包容力；

⑧不依不饶。这种人得理不饶人，爱辩论，经常气势凌人，看似很要强，其实是个弱者，天真地以为从口头上战胜别人就能真正击败别人。他们的人际关系很糟糕，内心充满害怕和孤寂。

读心要点四：从常见的口头语看人心

每个人都有习惯性的口头语，这些口头语能反映一个人的性格、习惯和内心世界。

①"听说"、"据说"、"听人讲"。喜欢用这些词的人善于给自己留余地，他们见识很广，为人圆滑，但是决断力不够；

②"还有"、"另外"。经常说这些词的人，好奇心强烈，喜欢插手各种各样的事情。他们头脑灵活，思维敏捷，但耐心和持久力不够；

③"不"。喜欢说"不"的人并不是真的否定，尤其是女人，说"不"往往是反话，显得女人味十足，是女性温柔的表现。她们的心非常软弱，嘴巴上说"懒得管你"，其实内心却很在意；

④"总而言之"。爱说这个词的人往往是喜欢说教的人或完美主义者，他们喜欢不断总结，生怕别人不信任自己，害怕自己没有准确传达意思，有些唠叨，事必躬亲，喜欢啰唆、教训人；

⑤"尽管如此"。说这话的人先认同对方再反驳，为人较为圆滑；

⑥"就算是……差不多"。说这话的人是想逃避责备，才用这样的话搪塞；

⑦"反正"。喜欢说这话的人比较消极被动、处事悲观，"反正我不行"，还没努力就绝望放弃；

⑧"是啊"。说这话的时候还有点头的动作，一般表示真心赞同。如果重复两次以上说这话，则可能是敷衍；

⑨"或许是吧"、"大概是吧"、"可能是吧"。喜欢说这话的人自我防卫本能特别强烈，不会把内心真实的想法告诉别人。他们处事冷静，人际关系和工作都不错；

⑩"我只对你说过"。喜欢说这话的人往往喜欢泄露别人的秘密，所以，千万别把秘密告诉他；

⑪"我不是说了嘛"。喜欢说这话的人诚实、有责任感、受人信赖，但是爱唠叨，性情顽固，不懂变通。

读心要点五：从说话时的动作看人心

人在说话的时候，总是伴随着一些动作，这些动作是习惯性的，有的是为了加强语气，有些是为了配合话题内容，有些则是为了加强说话效果等。总之，说话时不同的动作有不同的含义。

①说话时不停地点头。看似认同别人的看法，实则表明这种人处事轻率大意，没有什么独立承担能力，承诺却往往无法兑现；

②说话时不停地摇头。显得对别人不尊重，这种人往往心高气傲，自视过高，却轻视别人；

③说话时不断抹头发。这种人个性突出，爱憎分明，尤其疾恶如仇。他们善于思考，做事细致；

④说话时喜欢抖腿。这种行为举止看起来不雅观，这种人最明显的表现是自私，不懂得考虑别人的感受，凡事从自己的利益出发，尤其对妻子的占有欲很强。对别人吝啬，据说"守财奴"欧也妮·葛朗台也喜欢抖腿；

⑤说话时盯着别人看。这种人支配欲很强，而且确实有某种优势，喜欢向别人表现自己。他们喜欢我行我素，为人慷慨，经常和不相干的人在一起，有不少酒肉朋友。

↙3

适当暴露自己的缺点，让对方更容易接近你

大多数人与人交往的过程中，习惯于把自己的阳光面展现给对方，就算存在不足和缺点，也本能地藏着掖着，生怕被对方知悉。这种做法固然

有其好的一面，但也存在不足。

常言道：人无完人。当我们竭尽全力地将完美无缺的形象展示给世人时，必然会引起他们的怀疑，甚至使他们产生排斥心理。他们会觉得越是完美的东西越不真实，其虚伪的外表下必然遮掩着不轻易示人的阴暗面。一旦对方产生怀疑，必然促使双方的交往向更为深入的方向发展。

心理学家曾经指出过：在人际交往的过程中，人们在适当的时机以适当的方式暴露一下自己的缺点，能够更容易赢得他人的信任。人类行为学家也通过研究发现：那些能够客观、全面地评判自己缺点并适当暴露自己缺点的人更容易成功，而那些挖空心思隐藏自己缺点的人由于不敢正视自己缺点，其缺点必然会难以清除，甚至有可能与其相伴一生，从而影响到其成功之路。

伊索曾经说过："掩饰一个缺点，结果会暴露另一个缺点。"现实生活中，几乎每个人都有掩饰自身弱点的倾向，他们认为展示一个完美的自己才能获得别人的青睐。而实际上不是这么回事，掩饰掉所有缺点，本身就是最大缺点。同时，纸终归包不住火，小缺点迟早会暴露出来。

适当暴露自己的缺点，可以让对方更容易接近你。这是一种心理策略，可以运用到生活中的方方面面。掩饰自身缺点的行为并不明智，无论是在职场上、情场上都是如此，甚至有可能适得其反。

首先说一说为什么应该在职场上适当地暴露自己的缺点。

有些人在求职的时候，总喜欢在主考官面前自吹自擂，把自己的形象无限拔高。然而，那些久经沙场的人力资源管理人员哪里是吃素的，他们看一看求职者的简历，听一听求职者说话，观察一下求职者的举动，就基本上能够判断出这个人有几斤几两。那些刻意掩盖自己的缺点的人完全逃不过主考官的眼睛，甚至还给对方留下非常糟糕的印象。相反，如果一个人能够恰如其分地自我揭短，则会取得意料之外的效果。

一个年轻人前去应聘软件设计师，他在自我介绍时这样自我暴露缺点："我酷爱软件设计，曾经设计过非常成熟的产品，但是我也有一些不足，我对软件营销过程缺乏了解，对舞文弄墨更是没有什么心得。"这个年轻人非常聪明，他在明确表明自己优势的同时，又暴露了自己的缺点，让招聘者觉得他非常诚实。妙处在于，这个男青年所暴露的缺点，与其所应聘的职位没有太大关系，自然不会影响主考官在对他的专业能力评估。

在职场上，暴露出一定的缺点并不是坏事。在充满竞争氛围的职场中，一个完美而毫无缺点的人会遭人嫉恨，会被人孤立。如果连上司都对你敬畏三分，那你的晋升之路就注定不平坦了。因此，有些聪明人会故意暴露自己的一些不足，尤其是无关痛痒的不足，从而带给同事和上司安全感，也避免自己遭遇不测。当然，在职场上，你也不可以太过幼稚，将自己的致命缺点暴露出来，这样就有可能饭碗都保不住了。

再来说一说为什么应该在情场上适当地暴露自己的缺点。

在情场上，也是同样的道理。偶尔暴露一下缺点，能迅速拉近彼此之间的距离，让对方感受到你这个人非常坦率。在恋爱的前期适度地暴露自己的缺点往往更为明智，不会让两人相处过久时，随着自身缺点的自然暴露，让对方产生巨大的心理落差。

一对青年男女刚开始谈恋爱，男孩对女孩说："我的事业心比较重，有些时候未必能顾全家里。"女孩对男孩说："我有时候比较任性，在我耍小性子的时候，你可要哄着我点儿哦！"打了这些预防针，如果在交往中出现一点小状况，双方也就有了思想准备，心理落差不会特别大。

最后说一说为什么应该在普通交际场合适当地暴露自己的缺点。

如果你经常仰望星空，就不难发现，当月亮越明亮的时候，越难以看清四周的星星。人际交往中也存在这样的现象：一个堪称完美的人，往往不那么随和，也不会有太多的"哥们儿"。归根结底，就是"完美"惹的祸。

完美的人通常会执着地追求完美，无论是对自己还是对他人，都有比较高的要求，从而给交往对象带去压力。在交往对象眼里，也会觉得过于完美的人，有一种高高在上的感觉，需要仰视才行，在这种情形下，双方必然存在距离感。所以，如果你是一个才能非凡的人，请记住偶尔犯一些小错误或者耍耍活宝，这样更能拉近彼此的心理距离。

心理学中有一个"犯错误效应"，主要讲的是才能出众但有错误的人，最具有吸引力。社会心理学家这样诠释该效应：一个人适当地暴露自己一些小的缺点，一方面，能够让别人感到他是人而不是神，因而会减少心理隔膜。要知道，很少有人愿意和一个完美无缺的人相处，因为那意味着要经受压抑、恐慌和自卑。另一方面，能够让人们感到他的真诚和对人的信任，因而为这个人的品质所折服。

总之，当你为人处世的时候，尽量不要表现得完美无缺。以普通的视角反观自己、约束自己、要求自己，适度地暴露自己的缺点，反而更具有亲和力，更容易让人接近。

↙ 4
学会套近乎，让别人感觉你是"自己人"

套近乎是人际交往中的一个重要技巧，尤其是在与陌生人沟通的过程中十分有效。通常来说，套近乎就是针对交际双方各自的特点，在志趣、经历、理想、喜好、家庭等方面寻找到共同之处，然后针对这些共同点进行沟通，从而为双方的交流创造出一个良好的氛围，赢得对方的认同与接纳。

很多人常常有这样的疑惑：为什么我的交际圈子这么小，而那些有头有脸的人物的交际圈子那么大？其实那些有头有脸的人物与小人物的最主要区别之一，就是他们认识的人比小人物多。换个角度看，正是因为他们认识的人多，所以他们成功了，而那些认识的人非常有限的几乎都沦为了小人物。

很多有头有脸的人，扩大人际圈子最重要的武器就是套近乎。他们属于人群中非常稀有的一个小群体。不像其余高达80%以上的人一样习惯于等待别人主动打招呼，而是主动地走到别人跟前，想方设法地与人攀谈。

当他对希望与之交往的对象以主动热情的方式进行自我介绍后，至少在别人眼里留下了印象，而不是擦肩而过的路人。

美国总统罗斯福是一个交际能手。早年还没有被选为总统时，在一次宴会上，他看见席间坐着许多不认识的人。如何使这些陌生人都成为自己的朋友呢？罗斯福找到自己熟悉的记者，从他那儿把自己想认识的人的姓名、情况打听清楚，然后主动叫出他们的名字，谈一些他们感兴趣的事。此举大获成功。后来，这些人很快成了罗斯福竞选时的有力支持者。

从罗斯福的故事看，做一个有头有脸的人物，学会套近乎是必修课。罗斯福的成功，还给我们另一个重要启示，就是在套近乎的时候一定要做足功课，有备而来，只有这样才能套得结实、套得牢靠。如果在套近乎前不做任何准备，向对方问好后，就不知道如何将话题继续下去，那么这种套近乎的行为也是苍白无力的。

从某种意义上说，套近乎就等于套交情，二者是一回事。而要套交情，首先你自己要做到"交情"，就是敢于交出真心、以真诚的态度与别人搭讪。当对方感受到你的真情后，才会把他的情谊交出来。只有到了这时候，你才能完成真正意义上的"套交情"也就是套近乎。

套近乎，最有效的武器就是语言。只有把话说得圆满、说得好听、说得勾人，才能够迅速消除彼此之间的陌生感，拉近双方的情感距离，营造出最和气的沟通气氛，进而构建起稳固而友好的关系。那么，应该怎样和他人尤其是陌生人"套近乎"呢？

（1）通过谈论对方的外貌来"套近乎"

在和陌生人沟通的时候，恰当地谈论对方的外貌是一种很不错的"套近乎"的方式。因为，大多数人对与自己相关的话题是比较感兴趣的，包括他们的外貌。当然，谈论对方的外貌要谈得巧妙，谈得有分寸，不吝赞美，切忌戳人痛处。

公司有新同事入职了，他叫王悦然，这个女孩显得谨小慎微、不善沟通。公司的老员工也是交际能人，胡大姐刚与王悦然沟通，就巧妙地把话题引向这位新同事的外貌上。"哎呀！小淼，你长得太像我的一个堂妹了！我刚才差点把你当成她呢！"王悦然说："是吗？"

胡大姐笑吟吟地说道："真的。你们俩都这么苗条，都是这样的鹅蛋脸，都有一双大眼睛，还有这小嘴——嗨，真的是太像了。而且气质都这么像，都非常文静。"听胡大姐说得那么认真、那么友好，王悦然眼里闪烁出惊喜的光芒。

胡大姐套近乎套得非常具有艺术性和灵活性。她把王悦然与自己的堂妹拴在一起，不但借此赞美了她的漂亮，而且暗含着会把对方当成堂妹一样看待的意思，这自然能获得王悦然的好感与亲近。

（2）根据需要讲一些场面话

为人处世，不管你内心愿不愿意，都应该讲一讲场面话，讲讲场面话至少能够让大家在面子上过得去。

什么是"场面话"呢？简单地说，就是让别人高兴的话。尤其是在参加别人的生日聚会、婚礼等场合上，学会以场面话套近乎，就不会出现冷场的现象。当然，如何说场面话才是最佳的，对此没有一个标准，需要你视情况而定，灵活地把握。不过，说场面话也要适度，不要说得太多显得虚伪而肉麻。如果你能把"场面话"讲好，对人际关系必定会有很大的帮助，成为受大家欢迎的人。

（3）套近乎的时候要把握个人情绪热度

既不要太过热情，也不要太过冷淡。太过热情，会让人产生怀疑和误解；相反，如果总是一副冷冰冰的表情，就只能与良好的人脉擦肩而过。

（4）通过对方的名字来"套近乎"

在与人初次见面的时候，如果把对方的名字挂在嘴边，会让人感受到自己受到了重视。如果能够进一步对对方的名字进行恰当的品评，那就能更加赢得对方的好感。比如说，当遇到一个叫"志强"的朋友，你可以这样说："心怀大志，奋发图强，你的名字真是意味深远啊！"当面对一位叫"海平"的朋友，你可以随口吟出"春江潮水连海平，海上明月共潮生"。

你还剖析对方的姓名，引出大富大贵、前途无量之类的话。

总之，适当地围绕对方的姓名来交谈不失为一种和陌生人"套近乎"的好方法。当然，切不可嘲笑、讥讽别人的名字，比如两个人见面后，一个人听到对方报出来的名字是"倪玄荪"，于是打趣道："这么说，我是祖宗了。"弄得对方满脸通红。

（5）以感谢的方式去实现"套近乎"的目的

很多自以为是的人，通常会把自己想得比较崇高、伟岸、博爱，如果你适当对他表示感谢，他会有一种成就感。比如说，面对一个曾经在无意之中帮助过你的陌生人，你可以找准机会表示感激，这样就容易使对方获得一种荣耀感，从而在无形之中拉近彼此之间的感情距离，增进彼此之间的感情。

总之，在与人套近乎的过程中，把话说到位，能够迅速地缩短双方的感情距离，为双方下一步交往奠定良好的基础。但是，一定要注意选准角度、选好方式，以发乎自然而不是刻意雕饰出的话语不着痕迹地赢得对方的好感。

∠5

人际交往中的"雷区"
——你不得不警惕的 5 种人

看过《笑傲江湖》的人都知道，里面有个'君子剑'岳不群。他行走江湖 20 多年，为人坦荡，处处侠义周正，博得了大家的好评。但在最后，他却逐渐变成了一个伪君子，为了得到一本剑谱，他将剑谱的主人林平之收入门徒，促成女儿与林平之的婚事，最后竟又将林平之置于死地，对结发妻子也是百般蒙蔽，最后沦落成了不人不妖之徒。

在生活中，我们也难免会遇到这样的伪君子。因此在交友过程中，一定要近君子，疏小人，宁缺毋滥。鲁迅先生说，人生得一知己足矣！朋友不在多，在于精。在社会生活中人际交往也是这样，要看清什么人能交往，什么人要远离。俗话说：近朱者赤，近墨者黑，因此在和别人打交道时切不可掉以轻心。

如果不想惹麻烦，以下5种人是我们应该敬而远之的：

第一，远离喜欢搬弄是非者。

哪个背后无人说，谁在背后不说人。我们平常的评价和议论都是正常的，但有些人喜欢听风就是雨，爱捕风捉影、胡编乱造，这就是那些爱搬弄是非的人。

一般来说，喜欢搬弄是非者喜欢造谣生事。这种人把造谣生事当成家常便饭一样，并乐此不疲。为了谋取个人的利益，不惜诽谤别人，甚至挑拨离间，好从中坐收渔翁之利。

营销部的小齐是个喜欢搬弄是非的人，总是喜欢用卑鄙的手段抢别人的客户，还经常向领导打小报告，大家都不喜欢她。有一次，小齐的一个客户突然与她中止了合作，她便怀疑有人暗中做手脚，于是可怜地说："我又不是什么小姑娘，也没什么姿色，只得从你们年轻人嘴下捡饭吃。不过抢别人客户的事我可做不出来，我对得起自己的人品。"大家都在看笑话，小李却忍不住说："啊呀，谁给我一个垃圾袋，我吃坏东西了，想吐。"从这以后，小齐总是和小李过不去，还经常去老板那搬弄是非，打小报告。

爱搬弄是非者，必为是非人。明枪易躲暗箭难防，面对小齐这样的人，小李应该敬而远之，惹不起还躲不起吗？这种爱搬弄是非的人没有明显的标志，但时间一长便会露出蛛丝马迹。这类人一般喜欢阿谀奉承，嘴甜如蜜，爱拍马屁，更会无中生有说别人坏话。

第二，不孝顺的人不可深交。

俗语说："百善孝为先。"一个人如果对养育自己的父母都不能爱戴的话，那对其他人也好不到哪里去。对自己的亲人都不能付出感情，又如何指望他会对朋友付出真心，即使目前他对你不错，但难免不是因为利益所在或其他原因。

一个不孝顺的人，最起码是丢失了做人的准则，如果一个人不善良、不仁义，又岂可深交。这种人大多处事冷漠，只相信眼前的事，做事往往都是利益使然。

尊老爱幼乃中华民族的传统美德，也是做人应具备的道德准则。一个不孝顺的人，也不会设身处地为别人着想，一个没有感恩之心的人也难以获得别人的真心。因此，如果身边有不孝顺的人，切不可深交。

第三，少和喜欢吹牛的人打交道。

社会上许多虚荣心强的人喜欢吹牛，爱吹牛的人通常都很虚伪，他们试图通过吹牛来抬高自己的身价。爱吹牛的人往往不可信，你不知道他说的话哪句是真、哪句是假，因此对于爱吹牛的人还是少打交道为好。

小辉和小陈同是公司的设计师，一次，公司接了一个大项目要求小辉和小陈一起做。小陈因有事要请几天假，便对小辉说："小辉，这方案我做了一半，但家里有事得走一两天，你把剩下的做完，没问题吧！"小辉拍着胸脯说道："没有问题，小意思，你就放心吧！"几天后，小陈回来，发现方案一动没动，但小辉还是底气十足地说："这不还有两天时间嘛！你就交给我。"结果是方案没按时完成，两人同挨了一顿批。小陈后悔地说："哎，早知道小辉是个爱吹牛的人，我还……"

爱吹牛的人喜欢说大话，因此他们说的话切不可全信。如果正在和他们打交道，那尽量少说话，适时地点头应声即可，也可适当表现出对他的赏赞。但是想要深交的话，还是算了的好。

第四，对爱占小便宜的人敬而远之。

有一部分人喜欢贪小便宜，不捞一些小东西就觉得不痛快。这虽然算不上偷那么恶劣，但是影响也不是很好。

对于爱耍小聪明、占小便宜者要敬而远之，这种人往往有很重的私心，重利轻义。凡事只以自己的利益为标准，很难顾得他人的得失。就算朋友丢失了一块金子，他也不会太在意，而如果自己丢失了一颗螺丝钉，他却会痛惜不已。

人人都有私心，这本是很正常的事。虽说做到大公无私很难，但最起码得做到公而忘私。不管是在职场还是生活，吃亏是福，贪小便宜者往往会吃大亏。若和这种人扯上关系，难免也会惹上一堆麻烦事，因此贪小便宜之人不可交，尽量远之。

第五，不和不讲信用的人交朋友。

人无信不立，一个人有没有信用，是基本的品质表现。

假如你着急用钱，准备向朋友借一点，朋友信誓旦旦地答应你，说马上给你汇，但之后却石沉大海、杳无音讯。不仅答应的事没有办，而且仅用一句"我忘了，今天很忙，待会儿"就搪塞过去。这样的朋友，你能放心把心掏出来吗？

一个人如果连一件小事都不能遵守承诺，更别说大事了。不讲信用的人通常靠不住，他们很难相信，因此要做到互相交流和沟通根本不可能，所以身边不讲信用的朋友还是越少越好。

周恩来总理写过这样一副对联："与有肝胆人共事，从无字句处读书。"可以作为交友的一条重要原则。和以上 5 种人做朋友难免会让自己麻烦缠身，我们应该要广交朋友，但也要交益友、交良友。

↙6
小心当面捧你、背后踹你一脚的人

有人说，人之所以摆脱不了"出局"的命运，就因为"太老实"。这样的人没有花花肠子，不会算计别人，宁愿自己吃亏，也不让别人吃亏。可是，"老实"人生活得并不幸福，他们用惨重的教训告诉所有的年轻人：一定要小心那些当面捧你、背后踹你一脚的人。

老实人不懂得人情世故，不懂得自我保护，只知道按部就班地生活，没有创新和突破，这样一生都会被动，一生注定平庸。凡事都得有个"度"，不会算计别人不要紧，但要有防人之心；不会让别人吃亏不要紧，但别总是让自己吃亏上当。

人老实点儿没关系，但是太老实，没有一点心眼儿，就要不得了。因为太老实是一种顽固，是一种保守，是一种愚昧。很多时候，并不是机会不青睐我们，而是我们不懂得多个心眼儿，太轻易相信别人，总是白白让机会从身边溜走。

小周在单位三年，对待工作兢兢业业，对待同事和和气气，但始终挣扎在公司最底层。公司不重用他，同事们不在意他。最后，还因为一件事情被辞退，实在是窝囊到家。

公司有自己的厨房，在一楼，二楼是办公室。中午大家都去一楼盛饭，拿到办公室吃。小周出于好心，总是在吃饭的前10分钟，帮同办公室的同事把饭盛好提上来。第一次，同事们都非常感激。次数多了，同事们就习以为常了，而且下意识认为这是小周应该做的。于是不但不说谢谢，还经常吆喝："小周，快到吃饭时间了，下去拿饭。"

如果仅仅是让小周帮忙盛饭也就算了，可是同事们得寸进尺，吃完饭后居然把饭盒往小周的办公桌上一放，让小周带到楼下去洗。小周想都没多想，反正自己也要下去，顺便多洗几个饭盒也没事。再说了，他觉得这样大家会念自己的好，会多照顾自己。可是，他想错了。

这一天，同事们吃完饭，照旧把饭盒放在小周的办公桌上。如果是往常，小周会及时把饭盒拿下去洗了。但那天，小周感冒头晕，趴在办公桌上睡了一会儿，没想到睡过头了。恰恰就在小周睡着的时候，一家合作企业的老总来小周的单位视察工作，当他看到小周桌上堆满了饭盒碗筷时，顿时对这家公司的员工素质有了怀疑，继而怀疑公司的实力。最后拒绝了合作。

公司老总非常生气，把气全撒在小周身上，把小周给辞退了。让小周感到心寒的是，同事们居然没有一个站出来说句公道话。

世态很炎凉，做人太单纯就是这般下场。在公司里，太单纯的人往往不受重视，没什么影响力，很难出类拔萃成为领导者。因为单纯的人太善良、太老实，不善于表现，不懂得自我保护。所以，有时候我们不得不违心地戴上面具，假装冷漠，学会圆滑，这样往往可以减少很多麻烦，更容易生存下来。

有这样一则寓言：上帝对一个善良无知的人说："你将有机会得到一笔巨额财富，而且会获得卓越的社会地位。"很多人对此坚信不疑，从此放弃了所有的努力，一直傻傻地等待上帝兑现承诺。可是他终其一生，也没有等到承诺的实现，最后在愤愤不平中死去。

死后，他质问上帝："你为什么骗我呢？你让我一辈子白白浪费了，害得我一无所有。"上帝说："我只承诺要给你机会得到财富，得到较高的社会地位。但机会是留给有准备的人的，你不去努力怎么能得到机会呢？"

这就是太老实的下场，别人说什么，他就信什么，这样怎么可能有好下场呢？为什么不多留几个心眼儿，想一想别人的话是对是错呢？俗话说："马善被人骑，人善被人欺。"人如果太老实，就很容易被人欺负。所以，一定要多个心眼，小心那些当面捧你、背后踹你一脚的人。

在职场上，如果太老实、太规律，就会被其他员工使唤来使唤去，有什么脏活累活都让你去做，其他人则坐享其成；如果事情办砸了，大家都把责任推到你头上，你就成了替罪羊。很多人胆小怕事，安分守己，对人对事总是谨小慎微，从不敢随便得罪别人。即使别人得罪了自己，他们也不会记仇，更不会以牙还牙。反过来，这样的人对别人的小恩小惠会铭记在心，时刻想着怎么报答，即使别人略施小恩小惠并非出于真心。如此看来，老实的人就注定会被人欺负。

娇娇小时候经常被长辈告知：吃亏是福，老老实实为人处世，别人不会亏待你。一直以来，她都是个老实人，为此更是吃了不少亏。最让她印象深刻的是，发生在公交车上的一件事：

那天下午，娇娇精心打扮了一番，带着学历证书、简历乘着公交车去一家大公司面试。在公交车上，她看到一位比较胖的中年妇女站在车上摇摇晃晃，于是好心给那妇女让座。没想到她刚起身，对方就一个箭步冲了过来，撞了她一下，而且一句"谢谢"都没有。原本心情不爽，但娇娇转念一想，让座也是应该的，不是为了别人感谢自己。

可是，下车之后，娇娇发现皮包被划了一道口子，钱包和手机不见了。这时她才猛然意识到，在她起身准备让座的时候，被那个中年妇女撞了一下，当时感觉皮包被拉了一下……身无分文的她站在路边，顿时觉得自己又可怜又可恨，甚至连报警的信心都没有了。

当然，最遗憾的是，那次来之不易的面试机会就这样浪费掉了，因为面试单位的地址存在手机里。

做人太老实，后果很严重，娇娇就是一个典型的倒霉蛋。这样的人没有心眼儿，平时走路目不斜视，不会眼观六路，耳听八方，身边人讲什么，他们似乎从来不关心。办公室里的人都知道的消息，他们却总是后知后觉。

人们常说："害人之心不可有，防人之心不可无。"为人处世，要多留几个心眼儿，要学会保护自己，免得被欺负、受伤害。心眼儿是谋略的一部分，多留心眼儿，不是让你背后下黑手、算计别人，而是学会察言观色，读懂人心，更好地与人打交道。

↙7

吹嘘不要太过火，小心引火烧身

有这样一则笑话：

有个山东人和一个苏州人聊天，山东人说："听说你们苏州的桥很高。"

苏州人说："那是当然，去年六月我从一座桥上掉下来，到现在还没落水呢！"

接着苏州人问山东人："听说你们山东的萝卜很大啊，我很想见识一下。"

山东人说道："你不用去看了，因为过两天，我们山东的萝卜就会长到苏州来。"

看了这个笑话之后，你一定会对这两位的自我吹嘘行为印象深刻。其实，在人际交往中，自我吹嘘是赢得人际关系的重要技巧。所谓自我吹嘘，就是我们常说的"吹牛"，即把自己某方面的能力夸大，让自己显得更出众。但是，吹牛要注意尺度，否则，吹牛过分了就会把牛皮吹破，结果往往会让自己陷入尴尬，甚至会给自己招来很多不必要的麻烦。

徐先生就是一个爱吹牛的人，而且经常吹牛不着边际，简直让人咋舌，也经常给自己惹来麻烦。有一次，徐先生和一位很久没见面的小学同学在网上聊天。在聊天中，他吹嘘自己是一家房产公司的老总，自称和一些大领导关系很好，一周前刚从国外考察回来。同学一听，信以为真，对他满是佩服。

在随后的几天里，徐先生和同学越来越深入。一天，同学表示要请徐先生吃饭，徐先生欣然同意。在饭桌上，几杯酒下肚之后，同学表示自己想换一份工作，希望徐先生帮忙。徐先生碍于面子，只好硬着头皮答应。为了能帮同学找到一份合适的工作，他找遍了七大姑八大姨等亲戚，还赔了一笔钱请客吃饭，最后还是没有成功。

当同学得知徐先生并非什么房产公司的大老板，而是一个无业在家，靠打零工为生的人时，顿时气愤不已。他觉得徐先生欺骗了自己，伤了同学感情。后来，经过那位同学的"宣传"，徐先生的"美好"形象让人印象深刻。

不可否认，适度地吹牛可以提升自己的形象，对结交人脉有积极的作用。但是吹牛过火，就会弄巧成拙，结果引火烧身，伤的是自己。所以，聪明的你要懂得把握好自我吹嘘的度，注意吹牛的火候。

一般来说，要想通过自我吹嘘塑造你的正面形象，在吹牛的时候一定要注意用词恰当，千万不要动不动就用"最"字来夸自己，因为这种"牛皮"最容易被戳穿。比如，某生意人刁某在自我宣传的广告中使用"唯一"、"最大"、"第一"等绝对化用语，但又无法提供相关的合法证明，结果被执法机关查处，并处以1万元罚款。

虽然在人与人的交往中，我们过分吹牛不需要证明，也不会被罚款。但是当别人发现你的话假得没边时，可能会给你"判个死刑"，永远不再相信你，不再和你深交。这甚至比罚款更可怕。所以，明智的话，还是试着多用"还不错"、"可能"、"或许"这些强调可能性的词语，但又不把话说死，这样可以给自己回旋的余地，让自己在人际交往中游刃有余。

在这个"个人秀"的时代，太过谦虚、低调并不是好事，有时候你有必要抓住机会，适当地自我吹嘘一番，再加点幽默，这样的吹牛就不那么刺耳了。别人会在你自我宣传和自我炫耀之后，开怀大笑一番，愉快地接受你。

比如，日本罗德企业集团的总裁重光武雄曾说了一句自我吹嘘的话："除了葬仪社外，我们应有尽有。"日本百货业界的巨人丸井曾在推出"绿色签账卡"时，说了一句幽默的自我吹嘘："除了爱人之外，什么东西都卖给你。"

↙8
交浅言深——毫无保留倾诉自己

《菜根谭》中有这么一句话："见人只说三分话，不可全抛一片心。"很多没有经历过太多人事的人总是显得十分单纯，往往在与人交谈的时候，不管对象是谁就先发泄一通，结果往往口不择言，将自己内心的想法和盘托出。殊不知，如果你遇到的是居心叵测的人，那么你说出去的这些话就会成为握在他人手中的把柄，在需要的时候加以利用，你就会为此付出惨痛的代价。

也许有人会说"人心哪有那么险恶，而且我觉得他不是那样的人"。所谓知人知面不知心，也许你说得没错，但是身在社会，做人做事还是应当谨慎一些，否则总有一天，你会说出让自己后悔的话来。尤其是面对那些认识不久的人，更不要一上来就称兄道弟，家底全抛。

古时候，有一个叫服子的人，是个很了不起的人才。有一次，他的朋友向他推荐一个人，服子见了他之后，告诉朋友说，这个人有三个缺点。

首先，他见人便笑，说明他为人不够严谨，凡事都不够严肃；其次，你看他说话的时候，从来没有提起过自己的老师，而是一个人在那里夸夸其谈，说明此人非常不懂礼仪；最后，交浅言深，我跟他是通过你才认识的，本来两个人都不熟悉，他见到我后，却什么都跟我说，也不深知我人怎么样。这样的人肯定会祸从口出。这样的人绝对不可交，试想，下次他再见到别人后，同样可能把你我之事和盘托出，虽然他无心，可是难免听者有意。所以，我劝你也还是早点从这个人身边离开。

宋代文学家苏东坡曾说过："交浅言深，君子所戒。"所谓交浅不宜言深，寓意为：对那些交情较浅之人，绝对不可畅所欲言，直抒胸臆。否则，一定会给自己带来麻烦，甚至招来不必要的祸患。

一个心理成熟、懂得社交技巧的人，绝对不会和初次见面的人就"畅所欲言"，或许你心里会认为他们狡猾、不诚实，但是这也的确是为人处世最基本的自我防护。毕竟说话是要看人的，只有这样你才能确定对方是不是真的值得你托付于心。每个人心中都应该挂上一个防护的警铃，对于那些相交不深的人，一定要注意别着了小人的道。

小海上大学后违背了父母的意愿，放弃了医学专业，而专心于创作。一次偶然的机会，让他遇到了知名的专栏作家陈平，本着对文字的爱好，他们成了普通的朋友。小海经常会去请教陈平。不久后一张刊登小海文章的报纸就送到了父母的手中。对于陈平的帮助，小海铭记在心，有什么事情总是叫上他，甚至把陈平介绍给了他所有认识的人。

但他却不知道此时陈平正面临着不为人知的困难，此时他已经拿不出什么好的作品来了，创作的源泉几乎枯竭了。而这时候小海却把他最新的创作计划毫无保留地讲给了陈平，陈平心里闪过了一丝光亮。他仔细听完，不住地点头，心里不禁产生了一个念头。

不久，小海就在报纸上看到了他构思的创作，文笔清新优美，但最后的署名却是"陈平"。小海说："我痛苦极了，其实，如果他当时给我打一个电话，解释一下，我是能够原谅他的，但我整整面对报纸等了三天，也没有任何音讯。"

从那以后，两个人也断了联系。有一次小海在图书馆碰见了陈平，但仅仅是很有礼貌地握手告别。自那件事以后，两个人停止了任何交往。

正所谓："话到嘴边留三分。"说者无心，听者有意，如果"交浅"的朋友就更莫要"言深"，况且，对于那些"交浅"的人来说，双方彼此之间还不太熟，如果这时候你就去"言深"难免会让自己处于一种被动地位。如果对方愿意和你坦诚相见也就罢了，如果对方心存恶念，那么你很容易就会被对方出卖。

有位西方哲学家曾经说过："我宁愿什么也不说，也不愿暴露自己的愚蠢！"如果你随随便便就将自己有价值的信息，透露给一个交情并不是很深的人，对方只会觉得你很天真，很容易利用。所以，无论如何，你都要真正摸清对方的心思之后，再去衡量对方是否值得深交，这才是发展关系、拓展人脉的要领。

第十一章
DI SHI YI ZHANG

人脉并非谁都玩得起——自己成为
优秀的人才有更多的优秀的人为你服务

是不是有了人脉，就有了靠山、地位和金钱？当然不是。没有实力，就算认识天王老子也白搭。说到底，你要成为人脉网中的核心人物，打造一个属于你的精英团队，你就必须成为精英中的精英。你当然不必样样精通，但必须有一样是你在人群中大放光彩的亮点。

↙1
自己就是个半吊子，哪里来的上等朋友

有一起从小长到大的朋友，这样的朋友不管他变成什么样子，你都无法从感情上拒绝他；还有偶然情况下帮到你的朋友，无论何时，你都记住这个朋友的恩情。有一见如故的朋友，你们好像认识了很多年一样，是一种心灵上不可缺少的知己。还有一些人，因为常常见面，熟了之后，自然成为彼此的朋友。

随着现代资讯的发达，又出现了"网络朋友"的群体。其实，你会发现，除了从小长到大的朋友之外，我们在后来结交的朋友，往往都是和我们水平相当的朋友。你越优秀，你的朋友也就越优秀。一些人自己本身不怎样，偏爱攀高枝，别人不爱搭理他，他还抱怨别人门缝里看人，其实他应该先检讨一下自己是否和朋友"般配"。

你只有向朋友或客户展示你真正的实力，你的人脉资源才会真正发挥作用，不然，你自己就是个半吊子，哪有朋友敢对你委以重任？哪个客户敢买你的产品？所以，很多人感叹自己没有遇到真正识货的伯乐的时候，其实往往忘了检讨一下，你自己是否是个优秀的人才，如果你相信你自己是人才，就要想方设法证明给你的朋友看，让他们相信你。

刘轩的爸爸是一个公司的老总。刘轩大学毕业后，就希望在爸爸的公司里弄个职位。他爸爸知道儿子把管理一家公司想得太简单了，以他的能力，别说管理一个部门，就是当个普通的员工都未必做好。刘轩的爸爸拒绝了儿子的请求，他告诉刘轩："你自己出去找工作，还是自己出去创业都随你便，等你小有成就之后，我觉得满意了，才会考虑是否聘请你为公司的一员。"

一开始，刘轩对爸爸的做法还有抵触情绪。出去找工作后，他才发现，自己连一个小客户都搞不定，更何况是要帮爸爸管理那么大的一个公司呢？认识到这一点后，他精研业务，发愤图强。三年后，他很自信地进入爸爸的公司，成为一个小小的业务员。半年之后，他通过自己的实力，得到了业务经理的职位。

做父亲的如此，更何况是朋友呢？你是雄鹰，就要先有飞翔的能力。如果你没有这个能力，就是把机会给你，又有什么用呢？一些人抱着过一天是一天的态度，觉得有朋友罩着，自己能力差点也能混个一官半职。确实，很多人通过关系找到了很好的职位，不死不活地过着温水煮青蛙的生活。但这绝不是一个成功者的生活。搞不好，因为你能力不济还会造成不可挽回的损失。

武东福，一位充满了传奇色彩的商业巨子，他开办的现代节能工程有限公司一度员工上千，产值过亿，位居全国民营企业百强之列。然而，这样一位商业人物却毁在一帮兄弟的手里。

武东福发达后，一想自己能有今天，全靠与自己一起打天下的那帮农民兄弟。现在自己富了，他不能亏待了这一帮兄弟。但你想想，这帮兄弟有几个是精英人物，仗着哥们儿义气，吆五喝六，哪里懂什么企业管理，成天只想着怎么把好处往自己腰包里揣。

正是这种哥们儿义气、感恩之心，使武东福放弃了严格的制度建设，使整个企业像个家庭，并且是一个松散的家庭，财务账目不清晰，资金流失严重，以致经常要靠借贷维持企业正常运作。公司每况愈下，等他因朋友进了监狱之后，昔日受他照顾的哥们便树倒猢狲散。武福东的义气害了公司，也害了自己。武东福是一个教训，同时也说明了不成器的哥们儿不但不会让你财运更旺，反而会坏大事。

再看另外一个例子：

小周和小李同样来自于农村。来到北京之后，小周发现了自己和周围人的差距。于是小周除了业余时间恶补文化知识外，还找了一家汽车修理厂，不要工资，只管吃住，央求老板留下自己做学徒。小李则一味地感叹说："自己命运不好，生在农村。这城里人拿乡下人不当回事，没文凭找不到好工作。"

几年后，小周成为这家汽车修理厂的部门经理，小李和刚来北京时差不多，隔三差五地换工作，不是送水工，就是搬运工。有两次，小李也试着和朋友合伙做生意，但不是赔本，就是嫌苦嫌累，坚持不下来。

小周和小李本来是朋友，但小周现在身边聚集了一帮优秀的朋友，和小李的联系越来越少了。偶尔通电话，小李就说："你的运气怎么那么好，能遇上赏识你的老板！你小子现在发达了，对老朋友要多照顾一点儿！"

小周能帮到小李吗？只要小李还像目前这样，不知道充电，不知道下苦工夫学习本领，就算小周想帮他，也是有心无力。

小周和小李是我们身边的两类朋友，一类是以为自己时运不济，所以才找不到好工作，赚不到大钱。一类是想办法找机遇，推销自己，努力改变自己。成功的过程不会一帆风顺，但只要你足够优秀，肯付出，肯努力，会推销，自然就会有更多更优秀的朋友来到你的身边，和你一起携手共进。

你越优秀，愿意和你交朋友的人越多，你在关系网上就越占主动。你越优秀，就越有人欣赏你，这是人之常情。有的人经常骂自己的朋友发达了就不认穷哥们儿了。试想一下，你这个穷哥们儿是否真的争气呢？

所以，让自己优秀，和更优秀的人为伍，才是拓展人脉、发展自己、获得财富的最佳途径。你自己一无是处，无论你怎么去讨好别人，也只是热脸贴上冷屁股，得不到好脸色的。要想成为一个优秀的人，须注意以下两个方面：

（1）要有自知之明

你只值半斤的时候，就安心做半斤的事。这世上偏有一种人，不知道自己值几斤几两，老板让他搬箱子，他嘴巴一撇，老子是董事长的料，给你搬箱子？李嘉诚也做过饭店小伙计，别怕身份低，就怕你不做。身份低不怕，只要你虚心，愿意去学习，你的这种优秀品质会赢得别人的好感的。

（2）扬长避短

放着长处不用，偏跟自己的短处较劲，是没必要的。没钱的充大爷，外行的充专家，这没必要，有才的就拿出你的才华来，有力气的就拿出你的力气来，让别人知道你的长处，让别人去用你的长处，你有用处了，你的人脉就来了，你的钱也就来了。

事实上，获得人脉资源的根基是诚信和人品；核心是你的"含金量"，也就是你能够与别人交换的资源，你拥有的专业知识、业务技能、经验积累，还有通过你可以为他人带来的利益。只有你的这些资源增强了，你对他人的"有用性"才会加大，你也才能够更有资格和他人进行资源的交换与互补。

所以，在人脉建立和维护中，我们除了要维护人脉之外，更重要的是，让自己变得优秀，再优秀。这样，即使你不刻意去维护你的关系，别人也会注意保护和你的亲密接触。

↙2
资源多的人喜欢与另一个资源同样多的人交换

有一位老师反映说，小学生交朋友，也有"势利眼"，也讲究"门当户对"。比如，成绩好的学生不愿意和成绩差的学生交朋友，就算孩子愿意，家长也不干。不少家长就不许自己的孩子和"差生"玩，以免"近墨者黑"。

看到这种现象，你还能心如止水，淡定如常吗？然而，这就是现实，现实就是这么残酷。如果你没有实力、没有资本，不够档次，那么你就容易被人轻视。从另外一个角度来看，有实力、有资本、够档次的人，打心眼里是不愿意和那些与自己差距太大的人交往的。

有这样一个例子：

在小萍所有的朋友中，她是最有钱的，用的手机、包包、穿的衣服、鞋子都是最名贵的。然而，她和大家一起玩的时候，也是最不开心的。

有人就问小萍："你有那么多名牌衣服，你家那么有钱，为什么你还不开心呢？"

小萍说："正因为我有钱，所以大家经常找我借钱，让我请客，甚至把我穿的衣服，用的包包、首饰借去，可是她们却给不了我什么。"

那人继续问："在你的朋友中，你觉得谁是你真正的朋友呢？"

小萍说："只有一个，她叫小云。"

"你为什么觉得她是你真正的朋友呢？"

小萍说："因为只有她不找我借钱，不让我单方面请客，而是每次都和我交换。我请她吃一顿饭，她也请我吃一顿饭。我帮她一个忙，她也会帮我一个忙。"

一个很有钱的女孩，把一个跟她差不多、经常跟她"交换"的女孩当做真正的朋友。这一点，足以说明人与人在交往中讲究"门当户对"。资源多的人，更愿意和那些资源相当的人交朋友；资源少的人，喜欢依附资源多的人，但是这会让资源多的人心里不舒服。虽然资源多的人可能嘴上不说，但是人性的自私，决定了他们不会和资源少的人成为朋友。

所以，在你开始盘点自己的人脉之前，请先问问自己是否有足够的资源，你所拥有的资源是否与别人的资源相匹配。每个人都希望结交有价值的朋友，你手里的资源越多，你可供别人利用的价值也就越大，你就越容易建立强大的人脉网。从某种意义上说，这就是人脉的真相。

不少人认为微软创始人之一保罗·艾伦的发达充满幸运色彩，认为他是"一不留神成了亿万富翁"的人。其实，这种看法是天大的误解，真正的原因是，年轻的时候，他和比尔·盖茨在一起，他们志趣相投，一起白手起家。那时候，他们在对方眼里的利用价值是相当的，所拥有的资源也是相当的。在注册公司的时候，比尔·盖茨是总经理，保罗·艾伦是副总经理。这就奠定了他如今的成就。

在一个"创造财富"的论坛上，有个人曾开玩笑地说："你的月收入是和你相处时间最多的 6 个人的平均月收入。"很多人都觉得这种说法毫无根据，根本就是在胡言乱语，但是计算出来的结果基本符合这一说法。最后那个人总结道："一个人的财富在很大程度上，是由那些与他关系最亲密的朋友决定的。"

你觉得这不可思议吗？其实也不难理解，因为人性的本能偏爱公平交换，你有什么样的资源，基本上和资源相当的人交往。在不断的资源交换之后，你们所获得的总体收入是差不多的。这就是人与人交往中存在的隐形法则，虽然你看不见，但是它真实地存在。

社会上，占有多数资源的人只是少数，大部分的人占有的资源一般。这个时候，资源少的人会朝向资源多的人攀龙附凤。也许你能攀上资源多的人，但是资源多的人并不一定真的接受你。举个例子，你认识世界上很多重要的人物，比如，比尔·盖茨、李嘉诚、马云等。从理论上看起来，你的人脉够"牛"的，但是如果你没"几把刷子"、"没几分功力"，这些人根本不会理睬你，你每天依然要过朝九晚五的生活。

世界的残酷之处就在于：没有一个亿万富翁会和一个乞丐称兄道弟。如果有的话，这个人一定是脑子有问题。换言之，你认识优秀的人容易，但要利用到他们手中的资源却很难。因为资源多的人喜欢和资源数量、质量相当的人进行交换。这样，公平交易才会实现。

对普通人来说，如果你想与那些资源多的人交往，并且希望和他们长久地保持友谊，你唯一要做的就是丰富自己的资源，让自己显得与众不同，并能够满足对方的某种需要。唯有如此，你才有机会和他们进一步交往，他们才会乐意和你打交道。

↙ *3*

抬身价，成为别人眼中的"绩优股"

中国人讲谦虚，别人要说你好、说你行，你就要说哪里哪里，我还差得远。别人认可你，说你行，你说不行，别人会当你是谦虚，但如果人家事先一点儿也不了解你，你要谦虚地说自己哪里做得不够好，哪里不行，那就大错特错了。因为别人自然不知道你是谦虚还是说实话，你说你很厉害未必有人信，但你说自己不行，你说人家是信还是不信呢？

在《战国策》中，有这样一个故事：

周躁访问齐国，并希望在那里做官。可是他自己的名气不够大，怕得不到齐王的赏识。于是他对在齐国做官的朋友说："我想作为齐国的特使访问魏国，希望齐王给我这个机会，我尽量说服让魏国与齐国友好。"

朋友听了赶紧对他说："不行。你这样说等于贬低了自己，承认自己在魏国不吃香。这样的人，齐王又怎么会重用呢？"

周躁着急地问："那你说我该怎么样说呢？"

"你不如自信满满地去问齐王对魏国有什么期望，可以倾魏国之力满足齐王要求。这样说齐王必定以为你在魏国是个很有影响力的人，自然会厚待你。然后你再去魏国，对魏王说自己能够倾自己全力，满足大王对齐国的要求。这样魏王也必定不会小觑你，会重用你。你看，这样做你既可以打动齐王，又能打动魏王。"

周躁原本没有名声和地位，要想在齐国谋得一官半职其实很不容易。但他在朋友的建议下，得到了齐、魏两国的重用，这全靠他假魏之名抬高了自己，进而达到了在齐国谋职的目的，然后又假齐之名，让魏国也重用了自己。

其实，在商品社会中，人也是一种"商品"，各有各的价值。所以，你应该懂得适度地自抬身价，尽量让人觉得你"物超所值"。人都有一种奇妙的心理，通常情况下，都更愿意相信价格昂贵的商品，认为"一分价钱一分货"，"物有所值"，而对那些便宜商品的价值却心存质疑，认为"便宜没好货"。

因此，你如果把自己的身价定位太低，只会让人看不起，要把身价提高了，反而会引起他人的重视，认为你是个了不起的人才。因此，在适当的时候试试自抬一下身价吧，也许你会有意想不到的收获。

身价不能乱抬，处于要"跳一跳，才能摘到桃子"的状态最好。如果你只是一个月收一两千元的小职员，那么，就极力让自己看起来像身价七八千元的小白领。以此类推，让自己的身价永远处于"绩优股"状态。如果你是一个小老板，却一定把自己吹成有李嘉诚一样的实力，那就不太让人信服了。当你抬身价的同时，其实就是给了别人一个期望。如果你目前的身价低于你的表现，自然会有人愿意拉你一把，使你再上一个台阶。

当然，也不能不分场合地夸夸其谈，这样只会引起别人的反感。那什么时候才是自抬身价的时候呢？确切地说，是在有人"买"的时候，或者是在同行聚会的时候。此时，不管你从事什么行业，担任的是什么职位，千万不要谦虚，王婆卖瓜自卖自夸也好，实话实说也罢，都要不断地往自己身上贴金。不需要你抬身价的时候，最好低调再低调，不要给别人高人一等的感觉。

抬身价要不动声色。如果别人能听出来你是在"抬"自己，别人不但不会相信你，还会轻视你。不要给人"炫耀"的印象，有些人总觉得自己了不起，在人群中一脸傲气，牛哄哄的，别人一见就反感，再有本事别人也不爱搭理你。在讲述你的经历时，你只需要把自己如何解决或处理事情的过程娓娓道来，不用贬低别人，夸耀自己。

你最好通过他人之口抬升你的身价，比如有朋友在场时，最好通过朋友来抬高你的身价，因为别人说，比你自己说，更有面子，也显得更实在，更令人信服。还可以通过权威人士之口来肯定你的成绩，从而提高你的身价。

其实，最好的自抬身价的办法就是"使自己看起来像个成功者"。有一个银行的业务员，他有一天突发奇想，希望自己能成为银行总经理。然后，他把自己的一个偶像当成模仿对象，从声音、神情、举止、穿着上都极力接近自己的偶像。结果，他越来越像个成功者，几年之后，他果然得到了自己想要的职位。这是自抬身价的最好办法。在公共场合，要注意自己的着装。把自己打扮得得体、大方，与人交谈时，要注意言谈举止，尽量做到高贵大方，让人觉得你学识丰富，有涵养。

↙ 4

创造出自己的"不可取代性"

当你还在呼呼大睡的时候，也许你的很多工作已经被移交给他人了，你的客户也把业务交给其他人去做了。在这个竞争激烈的社会，你未来的饭碗随时都有可能被别人抢走。面对这样的局面，创造出自己的"不可被取代性"就成了我们不得不考虑的问题了。

有一个工程师被请去修理设备，收费是10 000美元。很快他发现是机器上的一个小螺丝松了。只拧了几下，机器就恢复了正常。主管见此觉得付10 000美元实在太多了，"拧一个螺丝居然收费10 000美元？"工程师笑着说："拧紧螺丝收费一元，但找到这个松动的螺丝，收费9 999美元。"

一个螺丝不值钱，但是这样一双"火眼金睛"却只有俺"老孙"才有。这就是不可替代。不可替代并非就是指你有多么高超的技巧，事实上，只要你有一点做得比别人好，无人能超过你，那么，你就拥有了不可替代性。有一个保险推销员并没有多好的口才，但是他有非常完美的微笑，每个看到他的人，都会感到特别愉快。这不可替代的微笑就成了这个保险推销员的"金饭碗"。

如果你可以在某一行业，甚至只是锤子敲得比别人好，你也可以成为那个行业中不可替代的一员，而永远立于不败之地。正因为如此，你无须去寻找人脉，人脉自然会主动来找你。虽然我们常说，千里马常有，而伯乐不常有，但是如果你是那匹世上少有的汗血宝马，就不愁伯乐一眼相不中你。

《世界是平的》的作者曾说："只有很特殊、很专业、很会调适、很深耕的人，才不会被别人所取代。"世界是平的，现代社会的我们可以通过网络，坐在家里就能同全球联系起来，相对而言，人脉网越来越密，但机会同样也越来越均等。如果不创造出你的不可替代性，你的位置很快就会被别人取代。如果你可以在某个领域做到不可被取代的地位，那么，你的人脉网会像蜘蛛织网一样，四通八达的线会主动连到你身上。

有的人"宁愿做乡下第一人，也不愿意做罗马第二人"，这也很有道理。根据"马太效应"，资源、光荣都会归于第一人。人生在世，有时候就像参加竞选，冠军得到了一切，而亚军却几乎一无所获。

不要想什么都精通，什么都会的人就是什么都不会。任何一件事，只要做到第一，你就会梦想成真。一招鲜，吃遍天。

全球第二大人力资源公司万宝华的总经理李崇领曾说，所谓不被取代的工作，必须是技术含量高，一般人无法涉猎的领域，因为它能凸显出个人的价值。拥有一技之长和雄厚实力固然是优点，但是若能同时掌握与人相处的诀窍，更能创造出不可替代性。

如果你想扩大自己的人脉圈，就要不断地强化自己能力上的不可替代性。看到这里，你可能觉得这难度要求实在太高。的确，现代社会给我们提出了更高的要求，这也使我们的生活变得比以往更精致、更完美。如果你觉得对现在的你来说，制造不可替代性的难度太大，可以先从小事做起。

向身边的朋友和你的客户展示你的不可替代性，你就会赢得他们的合作。当你和朋友在一起时，你是那个最善解人意的。如果在和客户打交道时，你是那个最守信用的，即使你有其他缺点，别人也会忽略的。

5

越被人倚重，你的人脉根系就越发达

我们都希望自己是一个无所不能的人。这样的人往往有两种，一种是本身地位高、权力大的人，自有大量人才愿意为他们效力；一种是拥有四通八达的人脉网，不管有什么事，都能通过关系搞定的人，他们往往需要倚仗一些位高权重的人做靠山才行。

其实，说白了，人脉根系发达的人，都是一些有本事的人，他们往往更多地被别人倚重，而不是他倚重别人。要做到这一点自然很难，但是只要我们愿意提升自己的能量，前来投靠你的人自然就会越来越多，你的人脉根系就越发达了。

一位仁兄正吹嘘自己认识某位大人物。这时候，身边突然站起来一位沉默的老先生，一语不发地走了。好事者问："这人是谁？"另一好事者说："这就是某某。"

被人倚重的人，从不会吹嘘自己认识谁，因为他自己就是人脉圈子的中心。吹嘘者倒显得底气不足，虽然满面红光，说得唾沫星子四溅，也正说明了他的卑微和无能。

如果人脉是一张网，你是织这张网的蜘蛛，你要爬来爬去地织这张网。如果你是一个人脉高手，是一个被人倚重的人，这张网就不需要你过多地费心思去织，自然会有其他人把线扯到你这里来。

一旦你拥有了四通八达的人脉，自然，你就成了被人倚重的人。

你可能会说，这道理谁都懂，但我既不是什么高官，也不是什么有钱人。没这个本事。其实，只要你能够让自己做得比现在更优秀，并且把自己的这种优秀传达出去，或者在朋友中间，你是那个最讲信誉、最讲义气的哥们儿，那么，在同伴和行业中，自然有一天会变得德高望重、声名显赫。

分享是一种最好的建立人脉网的方式，你分享得越多，得到的就越多。世界上有两种东西是越分享越多的：一是智慧、知识，二是人脉、关系。

所以，你需要做的两件事就是，一是使你自己更优秀，用你的智慧和知识与人分享，创造你的人脉价值，构建一张优秀的人脉网，二是分享你的人脉，通过分享，使你的人脉网越织越大，四通八达。这种良性的人脉扩张，会使你快速获得被人倚重的能力和资本。

聪明者不要去倚靠别人，而要成为被人倚靠的人。这才是实力。越是被人倚靠，你的人脉就越广，你的财富就越多。倚靠者永远只能拾人牙慧，成不了大事。不是吗？

↙6

在交往前，别人也要掂量一下你值多少钱

朋友帮你，给你投资，与你合作，事先也会先掂量掂量你的能力，看看你能不能帮他赚钱。如果你是个扶不起来的阿斗，别说朋友，就是父母也会对你失望。所以，当你求到朋友，朋友面露难色或百般推脱时，先不要埋怨朋友不够义气，还是先想想自己哪里表现得不够好，让朋友无法信任你吧。

　　我有一个朋友，拍着胸脯说自己这次一定赚大钱，从朋友那里借了不少钱做资金，结果血本无归，搞得多年的老朋友为了钱不欢而散。你没有几把刷子，谁敢把血汗钱交到你手里去？你是个值多少钱的人，你才能找朋友帮多大的忙。

　　有钱的朋友更愿意在和你合作之前思量一下回报率。你借了钱能不能赚钱，多久才能还？利息是多少？他都会算。这不是说人有钱了就变自私了，只是说明他变精明了，知道这世上的朋友不光是要讲义气。朋友有权利权衡你有没有两把刷子。当你向朋友求助，或者向朋友许诺前景的时候，一定要想想，自己是否能够成功、能够偿还这笔债务。不然，在朋友那里碰了一鼻子灰不说，还会因为"钱"的事让朋友为难，让自己尴尬。

　　大多数情况下，钱财和人的能力有关。虽然我们不会刻意计算朋友的含金量是多少，但是，我们都会在无意中与优秀的朋友为伍。你的含金量越高，你交往的朋友就越优秀，也更愿意同你合作。其实，当我们打算和朋友合作时，就已经无意识地掂量过你的含金量了。

　　能力并不代表金钱，但金钱却一定需要你的能力去获取。

　　1996年，邓文迪从耶鲁大学毕业，准备到香港谋求发展。在飞往香港的飞机上，邓文迪恰好坐在了默多克新闻集团的董事旁边，当时这位先生正准备前往香港担任卫星电视公司的副首席执行官。

　　在一些人看来，在旅途的过程中和谁坐在一起有什么关系呢？大家又不认识，即便聊天认识了又能怎样呢？而另外一些人也看到了这个机会，但是由于遇到的人的地位和身份与自己过于悬殊，再加上没做好准备，难免心生胆怯，以致与幸运女神擦肩而过。

　　但是聪明的邓文迪不属上面任何一种，尽管缺乏在娱乐业的从业经验，但她凭着商务学位以及精通英语、粤语和普通话的有利条件，飞机还没到香港，她已轻而易举地谋到了卫星电视公司总部实习生的工作。

　　在卫星电视公司工作期间，邓文迪保持了她一贯的作风，她非常努力地争取每个表现自己的机会。

　　1996年秋，在香港一个高级管理人员的鸡尾酒会上，默多克认识了满是东方情调的邓文迪。据说，作为低级执行员的邓文迪，并没有资格参加那次酒会，但她还是打扮得异常出众地强行参加了。邓文迪的聪明和努力，使她获得新闻集团董事长兼首席执行官默多克的青睐，从此，默多克开始安排两人间一次又一次的"日常接触"。

1999 年 6 月 25 日，默多克在泊于纽约港的私人游艇上与邓文迪举行了婚礼。当时默多克 68 岁，他的新娘是 32 岁的香港女子邓文迪。邓文迪，这个多年前普普通通的小女孩，终于凭着智慧登上了她人生的顶峰。

我们都听说过邓文迪由灰姑娘变身豪门夫人的故事。其实，灰姑娘是因为能力不俗才被"看"上的。所以，无论是爱情也好，友情也罢，在我们"爱"上这个人之前，都会下意识地去掂量一下这个人的价值多少。你越是超值，爱上你的人的档次就越高，你可以爱的人的档次也就越高。

有一个富翁的儿子爱上了一个穷人家的姑娘，遭到富翁的反对。后来，富翁同意了，但说姑娘的学历低，配不上自己的儿子，要出钱送她出国留学，回来之后再结婚。结果这个姑娘出国之后，很快就和富翁的儿子说"拜拜"了。

别人笑话他说，你这是赔了夫人又折兵。富翁笑笑说，我早就知道是这个结果了。那姑娘爱我儿子是因为她眼界不高，觉得我儿子是最好的，等她出去长了见识了、能力增强了，自然看不上我儿子了。

这确实说明了一个真理，我们爱谁，并不是一成不变的，是受我们的学识、眼界和能力的限制，既然爱情如此，那么，以利益为目的的朋友或客户之间的来往，自然也如此了。

↙7

积极增加自己被利用的价值

无论多好的朋友愿意和你结交，肯定都有利益需求在其中。任凭你以前有多厉害，你今天失去了利用价值，明天就会受冷落。这就是现实。或许有患难之交愿意去帮助你，但这也只是因为你有潜在的利用价值。如果你连潜在的利用价值也失去了，那就要彻底从人脉圈中退出了。

所以，要维持你的价值，并扩大你的人脉圈，就要增加自己的被利用价值。人的一生当中，很多人都经历过大起大落，饱尝过人情冷暖。对陌生人的冷眼，我们还能一笑了之，但对朋友的冷眼，就难免心灰意冷。其实，不必如此。

试想，谁不希望结识那些能力强的人呢？谁又愿意结识那些不能给自己任何帮助，而且一有困难就跑来找自己的人呢？

《高山流水》使俞伯牙、钟子期成为知音，那也是因为一个是优秀的琴师，一个是高水平的听众，二者各取所需，也不过是"利用"的最高境界罢了。在现实生活中，如果我们都能找到能相互利用的朋友，那反而是一件幸运的事。

有一位青年演员阿强，英俊潇洒，演技很好，很有天赋，在演艺圈内刚刚崭露头角，但人气不高。为了增加自己的知名度，他非常需要一家公关公司为他做包装和宣传，但是他没有钱，也没有机会。后来，经朋友介绍，他认识了莎莎。

莎莎曾经在纽约一家最大的公共关系公司工作过多年，不仅熟知业务，而且也有较好的人脉资源。几个月前，她自己开办了一家公关公司，并希望打入有利可图的娱乐圈。但是让她烦恼的是，到目前为止，一些比较知名的演员、歌手都不愿与她合作，她的生意主要还只是靠一些小买卖和零售商店。

阿强与莎莎相识后一拍即合，立即联手。阿强成了莎莎新公司的代言人，而她则为他提供包装和宣传经费。这样，阿强不仅不必为自己的宣传掏一分钱，而且随着名声的扩大，阿强在业务活动中处于更有利的地位。而莎莎也借助阿强的名气在娱乐圈里有了知名度，一些演艺界知名的人都主动找上门来要求合作。阿强和莎莎各取所需，合作达到了最高的境界，他们的关系也因此变得更加牢固。

我身边有不少优秀的朋友，他们经过几年的打拼，都有了丰富的工作经验，可喜的是，他们都找到了看中他们才华和能力、愿意为他们投资的老板，老板出钱，他们管理。无论从哪方来说，都是皆大欢喜的事。

无论是利用还是被利用，只要是双赢的，这种合作就是合理的，受欢迎的。

生活中，我们经常听到一些人抱怨朋友不讲交情，公司不讲义气等。其实，你有没有想过自己的价值？比如公司为什么聘用我？朋友凭什么为我付出？我能为公司和朋友带来什么……

弄清楚了这些问题后，也许你就会以更客观的心态看待公司、看待领导、看待朋友、看待你所得到的以及你所付出的。公司不是福利机构，领导也不是慈善家。当公司聘用你，为你发放工资或是提升你时，目的是为了让你给公司带来利润；当领导重用你，关怀你的生活时，也是希望你能给他带来更多的业绩；当朋友频频接触你时，是因为你和他之间的利益关系最密切。

所以，要让自己更受欢迎，赚钱多多，那么，就努力想想，自己能为他人创造什么样的价值，能多做一些就尽量多做一些。当然，不要忘记双赢，记得争取属于自己的那部分利益。

如果你此时还是一个无名小卒，连份像样的工作都没有，那么，不妨就多制造点儿利用价值。和客户打交道时，你能多提供一点儿服务就多提供一点儿服务。和朋友打交道时，你能多帮点儿忙就多帮点儿忙。这样，你就会慢慢和朋友建立更为亲密的关系，日积月累，你就会成为受朋友欢迎的人。

还有，你的利用价值必须要高于对方的付出，即你必须有剩余价值。你或许会觉得这样不公平，可谁也不愿意做赔本买卖，你也一样。不要心疼自己，对你而言，这是一种能力和经验的积累，开始的时候，你可能只是赔本赚吆喝，之后是薄利多销。当你获得足够多的人脉时，必会连本带利地赚回来。

在如今这个以价值为市场导向的社会，别人不怕你要价高，只怕你不能增值；也不怕你耍大牌、使性子，就怕你产生不了应有的价值。你只有善于发现自己的优点和长处，并利用外界的环境，不断提升自己的能力，让别人充分利用自己，才能产生相应的价值，不断成长，不断升值。

↙8
没有实力，就算认识"天王老子"也白搭

在巨星如云的香港娱乐圈里，从 TVB 出道的刘德华，既没有高大的身材，也没有宽泛的人脉，却成了万众瞩目、不可取代的天王。可以说，在人生的道路上，强大的抗压力、持续的学习力才是他挑战一切、独领风骚的最大资本。

我们不是明星，而是再普通不过的平凡人。如果说人际交往有什么法则的话，对于平凡的我们而言，那就是一条：没有实力，就算认识天王老子也白搭。我们不应该把自己当成弱者，不应该认为天生就要依靠别人而活。每一个人都要时刻提醒自己：尽管你在某些方面不如别人，但是也一定拥有别人没有的优势，你也可以自强不息，你也可以出人头地。

王蓉是一家美容机构的总经理，她的幽默风趣和睿智干练，为很多同行、顾客以及公司的员工所折服。然而，就是这样一位成功人士，在几年前却是另一种状态。

几年前，王蓉还比较内向寡言，她对那些在会议上口若悬河的男同事非常羡慕，也想像他们那样大胆自信地表达观点，可是她每次发言时，总显得很紧张。再就是她心里总觉得：女人应该内敛一点，话太多会给别人留下不好的印象。因此，她变得越来越沉默，越来越胆小，还有一种莫名的自卑感。

后来，细心的王蓉发现但凡公司的高层管理者、团队领袖几乎都是男性，而且他们绝大多数都有一流的口才，在众人面前发言，可以做到镇定自若，毫不怯场。于是她开始加强口才练习，为此她报了口才班，买了口

才书，平日里刻苦练习。

功夫不负有心人，曾丽通过练习大大提高了口才，后来她靠着口才慢慢从普通员工中脱颖而出，在公司不断获得晋升。随着职位的步步高升，她结识的同行成功人士也越来越多。再后来，她辞去工作，创办了一家美容机构，在短短的时间里，获得了丰厚的利润。

在成功的道路上，没有男女之别，只有强弱之分。如果你自认为自己是弱者，即便你有实力和才能，也难以成功。如果你想成功，你就必须抛弃"弱者"的心态，努力提高自己的职业技能，扩充自己的知识储备，让自己变得更加出色。

如果说人脉是向外延展的枝，那么实力就是不断壮大的根。只有优秀的人，才有机会拥有有效的人脉。他们懂得了"打铁还需自身硬"的道理，才会更注重提高自身的质量，知道不给他人制造麻烦，所以不会去巴结所谓的"高富帅"。相比之下，那些平庸的人往往不知不觉扮演了"索取者"的角色，总是期待着从别人那里得到帮助。

日常生活中，他们总是有意无意地用谄媚的方式仰望别人。但如果你没有一定的实力，即便你再亲切、再套近乎也是白搭。要知道，任何一个优秀、成功的人士，绝不会因为你一句甜蜜的招呼，而甘心把自己的资源给你，他们可都是这个星球上最聪明的一群人。

李萍只是一个平凡本分的职员，除了心地善良、淡泊宁静和所剩不多的青春美貌，就没什么资本了。而她有个很优秀的男朋友，在交往中，李萍发现两人之间有很大的差距。第一，李萍比他大三岁，虽然看上去不明显。第二，李萍的男朋友是双硕士，高干子弟，比较有权势的人，虽然他很低调，开的是普通车，但请他吃饭、求他办事的都是开宝马奔驰的。

有一次，李萍的男朋友带她和自己的哥们去吃饭，三个人吃了5000多块钱。李萍一下子受不了了，当晚给男友发了短信，大意是自己一个月就2000块钱工资，哪里吃得起这样的饭啊！两个人经济基础不一样，他应该找一个有背景、有实力、会应酬的女人做妻子，自己也不想与他再交往了。可是对方给李萍发了好长的短信，情深意切地说："我之前的女朋友就是这样的人，可是我一天都不曾快乐过。我也见过很多女人，比你年轻漂亮的不少。但那些女人过分看重钱，看重地位，只有你傻乎乎的，只爱我的人，从没要求我买这买那。"

后来，李萍也没说什么，这事就算过去了。但有一次，李萍发现男友的公司有个年轻漂亮的女秘书，总是向他暗送秋波。这下，李萍又自卑了，从此决定不再打扰对方。可殊不知，他们只是在谈工作而已。

男人的地位越是显赫，越喜欢淡泊的生活。经历的尔虞我诈多了，他们往往渴望一份无欲无求的宁静。所以，作为女人，应该想想如何让自己更出色、挽回男人的心，而不是简简单单的放弃。毕竟，只要你在他生命里是最与众不同的那一个，就能够牢牢抓住他的心。

无论何时，实力都是一个人最大的资本。实力不仅来自学历，更重要的是来自生活的经验和总结。人生的不同阶段，有不同的智慧和理念，可以互补，但绝不可互相代替。特别是在多元文化、高素质群体的大环境下，实力更是脱颖而出的必备因素。

就整体上说，我们不否认人脉的重要性。不过对于个体而言，似乎更应该重视自己所拥有的资源。为了做到这一点，我们要努力提升自己，把自己打造得更优秀。当你有了金钱、地位、名誉等重要元素，尤其是当你依靠自己的努力进步了，比如，获得了真才实学，勤劳赚得财富时，你的影响力就会显得与众不同。

这个时候，你就会惊喜地发现：那些所谓的高价值的人脉就会破门而入，你会结识来自不同行业、不同层面的朋友，你不再一无是处，你不再是索取者，而是扮演"乐于助人"的角色。试问，谁会讨厌别人对自己善意的帮助呢？谁会不喜欢你呢？

所以说，人生的智慧就在于，集中精力去改变那些能改变的事情，忽略掉那些不能改变的事情，专心打造一个优秀的、一个有用的、一个独立的自己，这比单纯地希望依靠人脉更现实、更理智、更有助于成功。

第十二章
DI SHI ER ZHANG

人际交往的最高境界是"互利"
——在朋友和利益之间找一个黄金平衡点

不管你承不承认，人与人交往的本质就是"互利"，再纯真的友谊，也逃脱不了利益互换的本质。在你渴望得到别人帮助的同时，你必须给予别人相应的好处。你满足了别人的需求，别人也心甘情愿地帮你，长此以往，你们的关系就变得牢不可破。

↙ *1*
一定要记住，人际交往的最高境界是"互利"

人际交往的最高境界是什么呢？在回答这个问题之前，请先看下面这个故事：

在美国乡村，有个老人和儿子相依为命。有一天，有个人找到老头，对他说："老人家，我把你的儿子带到城里工作好吗？"老人不答应。

这个人说："如果我给你儿子在城里找个对象，你同意吗？"老人还是不答应。

这个人又说："如果我给你儿子找的对象是石油大王洛克菲勒的女儿，你答应吗？"老人想了想，终于答应了。

过了几天，这个人找到洛克菲勒，对他说："尊敬的洛克菲勒先生，我想给你女儿找个对象，可以吗？"

洛克菲勒说："对不起，我女儿还没到结婚的年龄，再说了这是我应该考虑的事情，你凭什么插手？"

这个人说："如果我给你女儿找的对象，是世界银行的副总裁呢？"

洛克菲勒想了想，同意了。

又过了几天，这个人找到世界银行的总裁，对他说："尊敬的总裁先生，我觉得你应该马上任命一个副总裁！"

总裁说："我这里有很多副总裁，为什么还要任命一个呢，而且必须马上？"

这个人说："因为这个人是洛克菲勒的女婿。"

世界银行总裁马上答应了。

这个故事反应的就是人与人之间的互利关系，这就是人际交往的本质，也是人际交往的最高境界。互利就是利益交换，你在渴望得到别人帮助的同时，你必须为别人做点什么，给别人相应的好处，满足别人的某种需求，这样别人才愿意帮助你。

现实生活中，我们经常看到一些没有血缘关系的人，为了某种目的，结成了合作伙伴，建立了互利关系。虽然他们之间并没有友谊，但是他们仍然能在一起称兄道弟、吃喝玩乐，这就是一种赤裸裸的利益交换。也许你看不起这种人，但有时候这也是现实所需。

在美国最大的公关公司中，有个名叫杰克的职员，他在那里工作了多年之后，熟悉了业务，也有了很好的人脉。于是他辞职了，创办了自己的公关公司，希望能打入有利可图的娱乐领域。但是让他烦恼的是，公司成立之后，很难与较有名气的演员、歌手、夜总会的表演者合作，他只能接手一些小买卖和零售商店的公关宣传业务。

就在杰克苦于找不到与重量级明星合作的时候，丹尼——一位青年演员出现了，他长相英俊，很有天赋，演技很好。作为一个新星，他刚在电视上崭露头角，急需一个公关公司为他在各种媒体上做宣传，以增加他的知名度，提升他的名气。不过，要与大的公关公司合作，需要很大一笔宣传推广费，他自己根本负担不起。

一次偶然的机会，他和杰克结识，两人一拍即合联手干了起来。杰克为丹尼提供抛头露面所需的经费，丹尼成为了杰克的代理人。他们的合作可谓优势互补，达到了最佳的境界。丹尼不断出现在电视剧中，其英俊的长相和精湛的演技，使他赢得了无数观众的好评；杰克利用自己在报纸和杂志方面的人脉，很好地宣传了丹尼。

就这样，丹尼出名了，杰克也变成了名人，杰克的公司也名声大振，随之迎来了很多有名望的人的合作，公司获得了很好的收益。而丹尼在没有付出宣传推广费用的情况下，也一样顺利成为了大明星。

从杰克与丹尼的合作中，我们看到了一种非常明确的互利关系，他们各取所需，使彼此都顺利地迈上了成功的台阶。

每个人的能力都是有限的，要想实现自己的目的，就必须与人合作，互相利用对方的优势。因此，没必要追求没有任何功利色彩的朋友，也不必轻率地埋怨别人利用你。只要你坦率地承认人与人交往的本质是互利共赢，那么你就不会有心理上的失落感。

现实中，很多人崇尚"君子之交淡如水"，认为谈钱伤感情，忌讳将利益和朋友联系起来。他们不承认利益是友谊的前提，认为这样就会被人贴上"势利"的标签。其实，不管你承不承认，人与人交往的本质就是利益互换，哪怕纯真的友谊，也逃脱不了这种交往的本质——感情上的慰藉也是一种需求，彼此都离不开这种需求，也是一种利益互换，不是吗？

↙2
社交的本质就是帮助他人成功，同时让自己更成功

很多人都想利用别人的资源，来让自己更成功，但却从来不愿成为被"利用"的人，来帮助他人成功。这样的人，往往给人留下了自私自利的印象，也因此失去了别人的好感，失去了朋友。当然，所谓"利用"，不是指被人耍弄，而是指为别人所用，这才是社交的本质。

小王和小北一同背包旅行，途中，小王的水喝完了。当他口渴时，找小北借水。小北心想：我把水借给你，我口渴了怎么办呢？我自己都舍不得喝，为的就是等会儿有水喝。于是，他直接拒绝了小王。

过了一会儿，小北肚子饿了，而他包里的食物吃完了。他想起小王的食物充足，于是开口向小王借，小王顿时心里窝火：真是的，我刚才那么口渴，你居然不借水给我，现在想借我的食物，没门儿！小王想到这里，还不解恨，他干脆把食物取出来，拿在手里炫耀，但就是不给小北吃。

看到了吧？其实人与人交往的道理很简单，那就是你想别人对你好，

想让别人帮你，就要先对别人好，先去伸手帮别人。如果小北有先见之明，有长远眼光，爽快地把水借给小王，留一个人情给小王，后来小王怎么可能拒绝和他分享食物呢？

所以，聪明之人，一定要带着长远眼光去结交人脉，不要总想着别人能为自己做什么，而应多想想自己能为别人做什么。当你真诚地为别人排忧解难，给别人支持和帮助之后，别人自然愿意帮助你、成就你。

在《圣经》里，有这样一个绝妙的故事，对我们非常有启发：

主人去国外之前，把三个仆人叫来，分别给了他们五千个银币、三千个银币、一千个银币。领到五千个银币的仆人把钱拿去做买卖，结果赚了五千个银币；领到三千个银币的仆人也把钱拿去做生意，结果赚了三千个；领一千个银币的仆人则把银币埋在地里。

一段日子之后，主人回来和三个仆人算账。领五千个银币和领三千个银币的仆人，都为主人增加了财富，受到了主人的厚待。那个领一千个银币的仆人，则受到了主人的批评和责怪。最后，主人把他的一千个银币给了那个有一万个银币的仆人。

每个人都有自己的价值，在别人的眼中，你的价值是多少呢？五千个银币、三千个银币，还是一千个银币？这个故事充分说明了，一个人要想获得更多发展的机会，就要善于创造自己被利用的价值。如此，才能受人器重，获得别人的支持和帮助，才能越来越成功。

有些人在职场中"混迹"多年，换来的不是晋升和加薪，反倒是老板的辞退通知。为什么呢？因为他们在老板眼中没有了利用的价值，对公司的发展毫无帮助；有些人则积极为公司出力，在业余时间不断提升自己的能力，让自己成了公司的"抢手货"。

其实，人与人之间的关系，就像员工与老板之间的关系。很多时候，你对别人有用，你能满足对方的某种需求、助他一臂之力，他才会把你当成朋友，才愿意成为你的帮手，反过来支持你、帮助你，助你踏入成功之门。所以，如果你想结交朋友，如果你想获得帮助，如果你想获得更多发展的机会，就有必要先帮助别人成功。

　　在日常的人际交往中，你不妨经常问自己："我能为别人做什么？"
"我是否被别人需要？"通过这些问题，了解自己的价值到底有多大。当你
有能力帮助别人成功时，请记得伸出援手，因为有能力让他人成功，自己
必然会更成功。

　　陈兵是某公司的一位销售员，不幸的是，公司裁员，把他给裁掉了。
正在他万分沮丧的时候，突然有一天，他收到了一条短信。短信的内容
是，某公司的总经理决定聘请陈兵，而且给出的薪水非常可观。陈兵非常
兴奋，但也很纳闷，因为他不知道为什么对方会聘请自己，不相信天下有
这样的好事。

　　带着疑问，陈兵来到了那家公司，见到了公司的总经理，他发现自己
并不认识那位总经理。那位总经理看见阵兵之后，从办公桌的抽屉里拿出
一张陈兵的名片，并说："你可能不记得了，5年前，我刚来北京时，准备
去银行办理银行卡，当时我仅有5元钱，我不知道办卡的手续费上涨到了
10元。当排到我的时候，银行快要下班了。如果那天我没有办好银行卡，
那么我在公司的位置将会被人替代，这时你从身后递来了5元钱，我让你
留下联系方式，你递给了我一张名片……"

　　陈兵这才隐约想起那件事，问道："后来呢？"

　　"后来，我在公司连续申请了两个专利，再后来，我成立了自己的公
司。很多次我都想把钱还给你，但想到5元钱对你可能算不上什么，我想
给你最好的感谢，今年我们公司销售部门要部门经理，所以我想到了
你……"

　　有人曾说："帮助别人往上爬的人，会爬得最高。"如果你在别人最需
要的时候，主动地帮助别人，成为别人可利用的人，那么，你有朝一日，
也会得到别人的帮助。

　　正如佛家所说："善因种善果"，在你每天遇到的人中，肯定有一些人
能帮助你走向成功，能够改变你的命运，但前提是你先成为他们可以利用
的人，先得帮助他们成功。这才是人际交往的最高秘诀。

↙ 3

把诚信作为你的人生资本，厚道一些不吃亏

小陈抱怨一家饭店卖给自己的啤酒不够分量，于是叫来店主，问道："老板，请问你一个月能卖几桶啤酒？"

店主回答："15桶，陈先生。"

小陈又问："那么，你希望能卖到20桶吗？"

"当然了！"

"那我就告诉你怎么办。"

小陈生气地说："就是把分量给足！"

这看似像是一则笑话，实则蕴含着最基本的诚信之道。诚实厚道、不缺斤短两、严格履行责任，是一个诚信的生意人应当做到的。只有做事诚实守信，才能言而有信，也才能心里坦荡，光明正大做人。商海沉浮，只有将诚信作为你的人生资本，你才能赢得顾客的信赖，也才能在竞争中成功获取财富。

俗话说：诚信是金，黄金有价，而诚信无价。可见，诚信比黄金更贵重，诚信作为一种高尚的品格，不仅能为人们带来财富，更能广结善缘，扩展人脉。在为人处事中，若能恪守诚信，你就能赢得别人的信任，从而拥有知心朋友。虽然"诚信"这两个字看起来简单，但是在现实生活中，言而无信、欺骗隐瞒的事太多了。很多人的心都已经被利益所填满、被尔虞我诈所污染了。其结果就是，人与人之间不再相互信任，而是带着猜疑的目光去审视一切，到最后谁也不可能成功。

诚信就像是房上的屋梁一样，屋梁要是断了，整个房子就面临着倒塌的危险。在这个经济发达的社会，诚信扮演着越来越重要的角色。金钱丢了可以失而复得，而诚信一旦丢失，就再难找回来。孔子说过："人而无

信，不知其可也。"意思是做人却不讲信用，怎么可以呢？可见从古到今，诚实守信一直都是做人的根本。

一个诚信厚道的人在生活和工作中都会得到别人的信任和认可，也会得到更多的发展机会。那些在事业上获得成功的人，无一不是拥有良好的信用。对于生意人来说，诚信更像是一面活招牌，是在商场上立足的根基，也是赚大钱的最好保证。虽然很多人为了利益而忽视了诚信的重要性，只想着如何能快速地赚到钱，其他一切都先靠边站。但是在惨痛的失败经历后，这些人会意识到诚信、厚道对于事业成功的意义。

小张在国外读书，利用暑假时间在一家著名的餐饮企业做兼职洗盘子。该餐饮企业有个不成文的规定，那就是餐厅的盘子必须用水清洗 6 遍以上。因为薪水是按件数来计算的，所以小陈为了提高效率，每次都少洗一遍，反正洗后看起来都差不多，而且能多挣一些工钱。

这样一来，小陈的效率就大大提高了，和他一起洗盘子的外国学生就向他请教技巧，小陈得意地说："哪有什么技巧，少洗一遍就可以了，洗 6 遍的盘子和洗 5 遍的盘子又没什么区别。"外国学生听了以后，渐渐与他疏远了。

在一次卫生调查中，老板用试纸抽查出了少洗一遍的盘子，于是找到小陈，问他为什么这么做，小陈不服气地回答："洗 5 遍一样很干净，何必非得洗 6 遍不可！"老板面无表情地说："也许别人看不出来，但是你自己心里不清楚吗？你间接欺骗了顾客对你的信任，也践踏了自己的诚信，你是一个不诚实的人，你可以离开了！"

一个人若失去诚信，就等于与成功擦肩而过。事实也确实如此，离开了诚信，我们所做的一切其实都是无根之花，无本之木。谁也不愿意与一个不诚实的人共事，打交道。因此，做事要厚道，诚信一定不能丢。这个社会需要诚信，面对生意场上日趋激烈的竞争，商家们都使出了浑身解数，但能一直走到最后的，都是把诚信作为资本的人。对于刚入商场的年轻人来说，要想实现自己的财富梦，必不可少的成本就是诚信，只有意识到了诚信对于事业的重要意义，并付诸实践，成就大业便指日可待。所以从事业的起步就应该做一个言出必行的人，答应别人的事一定要重视起来，并尽心尽力做到，有时候厚道一点并不吃亏。在生活中保持自己真诚本色的人，会更容易被别人接受。一个诚实守信的人，才能够毫不畏缩地面对别人、面对自己。

随着这个社会的发展，经济的发达，诚信的重要性越来越突出。人与人之间的交往和合作，都跟信用有着密不可分的关系。但在这利欲熏心的社会中，被金钱蒙蔽了双眼，把诚信的准则踩在脚下的人不在少数。一个人若丢弃了信用，那他所从事的事业将遇到挫折，一个诚信皆失的人，也意味着失去了别人对他的信任，而诚信一旦失去就容易变质，要再想像从前一样就太难了。但是真正的坦诚，以自己的真面目示人并不容易，它是一种胆略，更是一种明智的处世态度。

韦奇伍德所制造的瓷器是世界上最精致的，同时也是品位的代名词。韦奇伍德的产品受到全球成功人士及社会名流的推崇，他还曾为俄国女沙皇叶卡特琳娜二世专门制作餐具。他的成功不仅是因为头脑，更重要的是他的诚信和厚道。虽然他出身低下，但是他对每一份工作总是尽心尽力，从不马虎和含糊。他尤其看重产品的质量，不允许一点欺骗和不完美，尤其是对低劣的活计，他简直无法忍受。如果做出来的东西不符合要求，他便会亲手把器皿打碎并扔掉，嘴里还说："这不是乔治·韦奇伍德做的！"

诚实赋予了一个人公平处世的品格，使生意人变得诚信可靠，使人们不会互相利用、互相欺骗。韦奇伍德的例子就说明了做事要厚道的道理，当你对别人负责，给出完美的产品时，别人也会信任你，你便有了再次合作的机会。若只顾自己的利益，对自己商品的缺点、坏处视而不见，把别人的需求抛到脑后，一旦顾客发现这种欺骗，以后还会有谁愿意和你一起合作呢？

诚信就像一种无形的资产，需要我们精心维护，慢慢积累。自古以来，诚实守信就是一种被人赞誉的人性之美。不管在什么时候，也不管在什么情况下，诚实守信都会为你赢得他人的信任和回报。大仲马曾说："当信用消失的时候，肉体就没有生命。"诚实可以说是一个人难得的品质，有了"诚信"这两个金字招牌，一个人就能表现出坦荡从容的气质，焕发出人性的光辉。

↙ 4

有钱一起赚，自己发财也让别人发财

商人求财，讲究以和为贵，真正有智慧的商人不会与人争强逞能，而是笑脸迎客，为了赚钱，他们愿意与对手合作，使大家互利共赢。李嘉诚就是这么认为的，他说："有钱大家赚，利润大家分享，这样才有人愿意与你合作。"

有些商人总想着一家独大，好处独霸。然而，做生意太绝，不给别人活路，自己就可能成为众矢之的，最后会吃大亏。李嘉诚认为，在生意场上，多一个合作者，就多一条出路，少一个敌人。因此，他非常顾及同行的利益。如果能考虑与同行合作，达到利益均沾，虽然自己可能损失一点利益，但从长远来看，财源将会滚滚而来。

1978 年，长实集团与会德丰洋行共同出资购买天水围的土地。第二年下半年，中资华润集团等购得其大部分股权，并且建立了巍城公司，决定开发天水围。在巍城公司中，华润集团拥有 51% 的股权，长实集团拥有 12.5% 的股权，是第三大股东。作为最大的股东，华润集团雄心勃勃，计划用 15 年时间将天水围建成一座可容纳 50 万人口的新城市。

当时由于长实忙于收购和黄，因此把开发天水围的计划交给华润。但出人意料的是，华润的雄心没有持续多久，就开始灰心丧气了，为什么会这样呢？

原来，1982 年 7 月，港府收回了天水围 488 公顷的土地，并将其中 40 公顷的土地以 8 亿港元批给巍城公司，要求其在 12 年内建成价值 14.58 亿港元的建筑，并负责清理出 318 公顷土地作为港府土地储备。如果完不成目标，那么购买土地的 8 亿港元将视为充公。

另外，1983 年港府宣布：计划投资 40 亿港元建设市政工程，其中预计投入 16.2 亿港元用于整理地盘，预计投入 9.6 亿港元用于基本建设。两者加起来，共计 25.8 亿港元，港府把如此重大的工程批给巍城公司承包，并要求它获得 15% 以上的利润。

如此严峻的要求对华润而言，就像泼了一盆冷水。华润作为一家驻港的贸易集团，并不具备地产发展经验，也不熟悉香港地产业的游戏规则。因此，一出场就失败了，其他股东见形势不妙，纷纷萌生退出的意思。

精明的李嘉诚把这一切看得非常透彻，他十分看好天水围的前景。因此，他开始不动声色地吸收散股，他相信只要做得好，完全可以后来者居上。就这样，李嘉诚逐渐将其他股东手中的"垃圾"股票控制到自己手里。到了 1988 年，他已经控制了除华润之外的 49% 的股权，与华润成为仅有的两家股东。

1988 年 12 月，以李嘉诚为代表的长实与华润签订了一份协议。在协议中，长实保证能够在天水围发展中让华润获得 7.52 亿的纯利润，而且协议签署后立即支付华润 5.64 亿港元。如果将来楼宇的售价超出协议的规定，其中超额赢利的部分，长实将于华润共同分享，华润获得 51% 的利润，长实获得 49% 的利润。今后天水围发展计划等一切工作均由长实负责，费用由长实支付，将来在收入中扣回即可。

在签署这份协议的时候，天水围交工期限只剩下一年半的时间。按照该协议规定，完成如此浩大的工程，风险完全由长实来承担，华润可以坐收渔利。对长实而言，要承担的风险非常大，当然，也可能获得非常大的收益。如果长实如期完成计划，按照协议售价，它将获得 43 亿港元的纯利润。但是业内人士估算，长实如果顺利完成计划，将获得 70 亿港元的纯利润。

不过话又说回来，完成如此巨大的工程，存在相当大的难度，大概只有长实具备这个经验及实力，李嘉诚对此充满了自信。果然，工程开始兴建后，进展非常迅速。很快，天水围大型屋村就呈现在人们面前，住宅及商业楼宇共计 58 幢，宗楼面积 1136 平方英尺，共有 16728 个……住宅及楼宇开盘后，利润滚滚而来，华润获得了协议中规定的利润，而长实所得的利润，几乎是难以估计的。

从长实与华润的协议中，我们发现：在这个计划中，李嘉诚赚足了钱，又让华润不费任何成本，就能坐收渔利，这等于挽救了华润，也成全了长实自己。这就是李嘉诚的智慧，他把合作关系看得很透彻，他这样帮华润，并不只是针对中资公司，而是他做事留后路的一贯作风。

也许有人觉得李嘉诚吃亏了，因为华润什么都没干，就获得了几亿的利润，但实际上，李嘉诚是精明的。如果说他支付给华润的几亿利润是吃小亏，那么后来他获得的收益，是占尽了便宜。这就是李嘉诚所说的"有钱大家赚，利润大家分享"。

其实，但凡做大事的人，都有李嘉诚那种"吃小亏占大便宜"的思想，他们懂得给别人一些好处，让别人分享一些利益，这样才能保证合作的顺利进行，才能巩固合作关系。李嘉诚作为一个理智的商人，具备长远的战略眼光，他不会与合作伙伴争利益，一方面是因为这样会损耗自己的精力，另一方面是因为争小利会得罪合作伙伴，树敌过多，容易被人联合而攻之。因此，在许诺给华润回报时，李嘉诚表现得十分大度，可以说，在很大程度上给了华润更多好处，通过这种让利，不仅给华润留下了大气的印象，也深深赢得了同行及其他商家的信任。

↙5

为商不奸，远离急功近利

俗话说："无商不奸。"在人们眼中，商人是奸诈、狡猾的，他们眼里只有钱，只有利益，为了赚钱，他们不惜昧着良心，掺杂使假；不惜急功近利，只图眼前，不计长远的利益。

生活中，奸商的典型形象就是说一套，做一套；明里一套，暗里一套。广告上的产品光鲜亮丽，买回家却不是那么一回事。可是，在他们自以为赚了钱时，却失去了顾客的信任，这样一来企业就变成了无源之水，无本之木。

事实上，真正富有智慧的商人是不奸诈的，他们不会采取小人手段欺骗客户。相反，他们为了赢得客户的信任和支持，不惜舍弃一定的利润，让顾客得到实实在在的好处，从而占领市场，获得源源不断的利润。在这方面，著名的商人胡雪岩就是一个典型的代表人物。

胡雪岩常用的经商策略就是放长线钓大鱼，为此，他懂得"舍得"。不过，他的"舍得"是有目的的，为的是"舍小利"而"逐大利"。他的这种做法既能赢得人缘，赢得信任，又可以获得源源不断的利润。

胡雪岩刚创办阜康钱庄时，以自己钱庄的名义给许多官员的老婆和子女都办了一个存折，而且每个存折上存入 30 两银子。他之所以这么做，就是为了借女人的嘴，为他的钱庄做宣传。

不仅如此，他还将眼光放在下层社会的人物身上。这些人虽然没有显赫的地位，但是他们有很特殊的身份。比如，胡雪岩给一个名叫刘二爷的人办了一个存折。为什么呢？因为此人是巡抚衙门的一个门卫，而胡雪岩经常出入衙门，刘二爷自然可以帮很多忙。刘二爷作为县衙的门卫，经常能见到有头有脸的人，给胡雪岩传递了很多有价值的信息，对他钱庄的生意有很大的帮助。

有一次，胡雪岩从刘二爷哪儿得知一个重要消息，说朝廷要发行官票。胡雪岩抓住这个机会，抢占了先机，大发一笔财。

还有一次，一个名叫罗尚德的绿营兵来到胡雪岩的钱庄，要存入一万两银子。他的要求是不要利息，不要存折，只要保本。钱庄的总管觉得这不是一件小事，于是通告胡雪岩，胡雪岩觉得这笔钱数目巨大，一个绿营兵怎么有这么多银子呢？

为了得知内幕，胡雪岩便把罗尚德叫到内堂，摆上一碗酒，准备几个菜，和他喝了起来。几杯酒下肚之后，罗尚德在胡雪岩的试探下说出了心里话，原来罗尚德年轻时好赌，而且经常"豪赌"，不仅输光了祖辈留下的财产，还把老丈人借给他的一万五千两银子输了。老丈人十分气愤，就把女儿叫回去，不让她和罗尚德来往，那笔输掉的钱就算了。

　　罗尚德觉得这是对自己的侮辱,一气之下,不但撕毁了婚约,还发誓要还清那笔债,于是,他只身来到异乡,加入了绿营军。十几年来,他想尽办法赚钱,今天存够了一万两银子。但是由于他要到前线去打仗,因此,无法带这么多银子。他听说胡雪岩仗义,所以,才来钱庄存钱。

　　胡雪岩得知事情的原委后,当即表示:今后你来取钱,我不但给你利息,还会给你超过平日的利息。如果你没有机会来取,我将替你把这笔钱还给你老丈人,了却你的心愿。罗尚德非常高兴,连存折都没要就走了。几天之后,许多绿营兵来阜康钱庄存钱,据说是听了罗尚德的美言宣传。

　　如果换成平常的商人,恐怕不会像胡雪岩这么慷慨。然而,胡雪岩懂得慷慨的背后可以赢得信任,可以给钱庄打下好的口碑,起到了很好的广告效果。这就叫"放长线钓大鱼",可以说,胡雪岩是一个出色的渔翁。

　　作为一名企业经营者,作为一名商人,如果你想超越别人,抢先一步占据市场,获得源源不断的利润,你就必须放下短浅的目光,把眼光聚焦在长远。比如,在少赚一点的前提下,采取放长线钓大鱼的策略,为企业赢得美好的未来。为此,你就必须学会诚信经营,想办法赢得顾客的信任和支持,这样你就能获得良好的口碑,这可是你企业的金字招牌。

↙6

任何时候,都不要"吃独食"

　　对于爱占便宜的人,相信没有一个人乐于与之交往。这样的人都有一个共同的特点:有利可图的时候,挤破脑袋也决不能吃亏;自己得到了什么东西,绝对是关起门来独自享有。他们从来都不考虑朋友的感受,只有占便宜才是他们最乐于做的事情。

　　如郭德纲相声里面说的:"两人打车,争做后面"、"朋友吃饭买单之际,借故去洗手间",总之,总在绞尽脑汁的想着怎么不用花钱,还沾沾自喜、理所当然，如果这样的长期发展下去，朋友渐渐地了解你的品格，将直接影响到个人的生活、社交，以及未来的发展。

有一家药店和一家代理商已经有了很长时间的业务来往。在这段时间里，药店老板觉得代理商提供的产品非常适合自己，销量一直在增加，所以他们之间一直在合作。但是出于利益心理，他觉得自己卖得好应该多赚一些，所以每次进货的时候都会以价格太高而要求代理商把产品降价。

代理商刚开始因为为了打开市场，维持销量，所以不得不一次又一次的降价。药店老板以为自己赚得了大便宜，当他觉得产品价格已经没有再降的空间时，居然开始要求代理商进行促销。结果过了很长时间，代理商也一直没有再给自己送货，而产品早就已经在药店脱销了，很多顾客都指明要购买该产品。药店老板于是急忙打电话给代理商要求马上送货，代理商委婉地拒绝了他，告诉他已经断货了。药店老板当让能够听懂对方说的是什么意思：自己光想着赚更多的利润，而把对方的利润压的太低，代理商肯定不愿意再与自己合作了。

不久以后，和药店相邻的另一家药店推出的该产品，看着逐渐流失的消费者，药店老板心里后悔死了。

中国有句古话，叫"贪小便宜吃大亏"，好贪小便宜的人，看到的只是眼前最近地方的利益，只是一棵触手可得的树而已，他们没有看到不远处那一片原本可以属于自己的大森林。在人脉上，因为利益关系，他会自觉不自觉地把自己孤立起来，使自己的路越走越窄。

在社会日新月异的今天，如果一个人只懂得吃"独食"，那么到最后他势必会成为一名"孤家寡人"，只有懂得分享的人，才能够理解分享的重要。有句话说"一份快乐与别人分享，快乐就加倍了！"除了快乐，我们还可将成功的经验、成长的历程、好看的书籍等与别人分享。当你尝到了分享带给我们的快乐滋味时，你也就获得了友谊和财富。

有一位果农，种植果树很多年，经过自己的努力，终于培植出一种皮薄、肉厚、汁甜而虫害少的新品种。当然，收获季节到来的时候，他的果子大受欢迎，很多商贩听说后甚至不远千里来这里批发，这位果农由此发了大财。

周围的果农看他的果子卖的这么好，都纷纷来买他的种子。但是这位果农想："如果我把果子卖给了你们，那么到时候大家的果子一样好，我的果子就不会这么受欢迎了。"所以，他拒绝出售。

一年过去了，又到了丰收的季节，让这位果农感到奇怪的是，自己的果子今年色泽不好，个头也小了，比去年差很多，赚的钱比去年少多了。

果农想不通就去询问专家，专家了解情况后，告诉他说，由于附近种的都是旧品种，只有他种的是新品种，所以，开花时经蜜蜂、蝴蝶和风的传媒，就把新品种和旧品种杂交了，所以新品种的果子自然就退化了。

果农急切地问："那怎么办才好呢？"

专家说："这很简单，把你的种子分给附近的果农就行了。"

果农照做了，结果来年他们的果子都获得了大丰收，自然也都获得了不少利润。

懂得分享的人生是智慧的人生，一个人懂得和别人分享，他将得到更多人的肯定；他们生活得很轻松开心；他们是真正的财富拥有者；所以，人生懂得分享，才不会变成"孤岛"。当你学会分享时，你才会发现，得到的要比失去的多很多。

在人际交往中，我们也应当奉行这样的原则。只有学会把蛋糕分给别人，蛋糕才会越做越大。所以，我们要学会并乐于与人分享，千万不要以为这样做会让你失去更多，实际上蛋糕会越分越多，因为乐于分享的精神会吸引更多的好友，这将是你人生中一笔不可多得的财富。

↙ 7

亲兄弟也该明算账，朋友和生意要分清

在生意上，我们需要朋友，甚至可以说，如果没有朋友，我们的生意就会很难做下去。但这并不等于说，让我们混淆朋友和生意的界限。恰恰

相反，朋友和生意必须要划清界限。

商场上有一句话，"生意是生意，朋友是朋友。"意思是说二者最好不要混淆，用私人感情来做生意，或者做生意中讲情感，都是要不得的。所以有人就采取很分明的态度，谈生意决不讲感情，交朋友决不谈生意，两者分得清清楚楚。这其实是非常明智的做法，这样既保证了生意的正常进行，也不会因生意而伤害了友情，或者相反。

作为生意人，最重要的就是要开拓自己的市场，而要开拓市场，就要多结识一些朋友。从某种意义上说，市场就是关系。如果你没有几个生意上的朋友，可以说寸步难行。但交朋友的目的，是为了生意，而不能本末倒置。所以，生意场上交朋友，一定要公私分明。

为开拓公司业务而交的朋友称为"朋友"，而因个人志同道合、趣味相投而交的朋友称之为"知己"，"朋友"是"公交"，而"知己"则是"私交"。"公交"属于江湖上的朋友，多多益善，他们中有各色人等，但有一个共同点，那就是由于利益相同而成了朋友。有句话说得好："在生意场上，没有永恒的朋友，也没有永远的敌人，唯有永恒不变的利益。"

但在实际商务中，生意人很难将"公交"与"私交"分清楚，这两方面有时候会综合到一个人的身上——有的是先有"私交"，而后又在生意上成了"公交"。有的是先有"公交"，而后在交往中渗入友情而成为"私交"。但不管如何，都要注意一条原则：把公司业务与私人交情分开，把生意与朋友分开。

可是在生活中很多人顾及面子，用友谊代替生意场上的规则，最终引发利益冲突。朋友之间因利益矛盾不欢而散，关系反而不如路人。这样的例子实在是太多了！在生意场上，不应盲目地讲交情，生意是生意，朋友是朋友。

生意上的事，一是一，二是二，决不能马虎。例如：借条签字、发货开单，这类事情千万不能哥们儿意气，否则，过后出了事情，双方都不好办。比如商业谈判中，即使碰到了朋友，也应该分清公私——要知道，在谈判桌上，双方代表各自的公司，应当各为其主；谈判过后，再畅叙旧情。这样生意、交情两不误，岂不更好？

"生意场上无父子"、"亲兄弟，明算账"，说的就是这个道理。有的人甚至把"不与朋友做生意"当做信条，虽然过于偏颇，但不无道理。聪明的人会很小心地避免自己的朋友进入自己的生意圈子，如果不可避免，则会在事先明确双方的利益，即首先是生意上的伙伴，其次才是朋友关系。

总而言之，在生意场上，江湖义气、感情用事是要不得的，把朋友和生意搅拌在一起，最后的结果往往是砸了生意，坏了友谊。

↙8
拿捏好利害关系，才能在生意场上交到真朋友

都说"生意场上无朋友"，这句话就像"赌场上无父子"一样让人觉得悲凉，事实真的如此吗？不。因为人总是有感情的，虽然生意场上的朋友是因为利益走到一起的，但很多时候也能成为真正的朋友。

当然，并不是所有生意场上的朋友都能成为真朋友，那么如何在生意场上交到真朋友呢？

首先，要有一颗诚心和真心，去接纳朋友。正如在积累财富上创造了奇迹一样，李嘉诚的人缘之佳在险恶的商场同样创造了奇迹。有人说，李嘉诚生意场上的朋友多如繁星，几乎每一个有过一面之交的人，都会成为他的朋友。

究其原因，这都是因为他真心接纳别人的缘故。用他的话说就是：坏人固然要防备，但坏人毕竟是少数，人不能因噎废食，不能为了防备极少数坏人连朋友也拒之门外。更重要的是，为了防备坏人猜疑，算计别人，必然会使自己成为孤家寡人，既然没有了朋友，也失去了事业上的合作者，最终只能落个失败的下场。

其次，要照顾到对方利益。这是生意场上交朋友的前提和保证。有中国"犹太人"之美称的温州人信奉"有钱大家一起赚"的信条，不让人赚钱的生意人，不是好生意人，也绝对不会得到真正的朋友，真正的朋友总是肯为

对方考虑的。你照顾了别人的利益，实际上也就照顾了自己的利益。

做生意，都是为了赚钱，所以，事先一定要好好算计，如何使自己能获得最大的收益。但无论怎样算来算去，一定要算得对方也能赚钱，不能叫他亏本。算得他亏本，下次他就不敢再同你打交道了。所以生意人绝对不能精明过了头。如果说商人的真理是赚钱，那么精明过了头，这个真理同样会变成荒谬。你到处让人家吃亏，就会到处都是你的冤家，到处打碎别人的饭碗，最后必然会把自己的饭碗也打碎。

第三，不仅要和朋友有福同享，还要有难共当。现代社会，生意人要明白"合"与"同"的关系，朋友之间最忌讳在有利可图时是一种"同"与"合"的关系，而一旦损及自己的利益时就立马分道扬镳，甚至反目成仇，这是不可取的短视行为，也是没有道德的。要交到真朋友，在危难之时就要不弃不离，共荣共存、同舟共济渡难关。

在朋友遇到困难的时候，如果你能伸出援助之手，对他不离不弃，那么他一定会对你心存感激，理所当然也会把你当做真朋友来对待。

第四，要讲信用。在生活中，如果你总是不讲信用，背信弃义，那就会遭到大家的唾弃；在生意场上，如果你不讲信用，你的生意就会做绝，朋友会纷纷离你而去。

信用是一种责任和义务。为朋友"赴汤蹈火，两肋插刀"，这种信用沾些江湖气；"一言既出，驷马难追"，这种信用才是双方必须遵守的游戏规则。其实，信用就是一种"双赢"。任何一方，只要求别人讲信用，而自己却把信用丢在垃圾堆里，这是一种极端的自私。虽然你不能保证别人对你讲信用，但如果你坚守信用，那么你就会获得朋友更多的信任。

在利益至上的生意场上，虽然很多人都认为大家只不过是因为有了利益，才有了友谊，但是，在做生意的时候，单纯为做生意而做生意效果往往不理想。要知道，真朋友是可以历练的，何况友谊是人生必不可少的精神食粮？所以，在做生意的同时，也要用心交朋友，这样生意才会越做越红火，人生才能越过越精彩！